火灾事故应急救援与防控工作研究

毛丽娜　高　波　徐青选 / 主编

汕头大学出版社

图书在版编目（CIP）数据

火灾事故应急救援与防控工作研究 / 毛丽娜，高波，
徐青选主编. -- 汕头：汕头大学出版社，2022.8
ISBN 978-7-5658-4784-4

Ⅰ．①火… Ⅱ．①毛… ②高… ③徐… Ⅲ．①火灾事
故－救援－研究②火灾事故－事故预防－研究 Ⅳ.
①X928.7

中国版本图书馆CIP数据核字(2022)第161751号

火灾事故应急救援与防控工作研究
HUOZAI SHIGU YINGJI JIUYUAN YU FANGKONG GONGZUO YANJIU

主　　编：毛丽娜　高　波　徐青选
责任编辑：郭　炜
责任技编：黄东生
封面设计：道长矣
出版发行：汕头大学出版社
　　　　　广东省汕头市大学路 243 号汕头大学校园内　　邮政编码：515063
电　　话：0754-82904613
印　　刷：廊坊市海涛印刷有限公司
开　　本：710mm×1000mm　　1/16
印　　张：11.5
字　　数：160 千字
版　　次：2022 年 8 月第 1 版
印　　次：2022 年 9 月第 1 次印刷
定　　价：46.00 元
ISBN 978-7-5658-4784-4

前　言

　　火灾，是最经常、最普遍的危害公众安全和社会发展的主要灾害之一。随着我国经济的飞速发展，具有地标性建筑特征的高大综合性建筑在快速发崛起；城市人口的不断增加，地下空间的利用率也在不断提高，出现了地下商场、地铁等大量地下建筑。这些建筑类型的出现增加了火灾的发生率。可以说，现代人们的生产、生活，出行交通都存在发生火灾事故的隐患。因此，加强火灾事故的研究，把握不同建筑物的类型、特点和构造组成，以及火灾的发展蔓延和破坏的规律，对提高火灾事故应急救援的能力至关重要。

　　基于此，本书以"火灾事故应急救援与防控工作研究"为题，共设六章：第一章阐述事故应急救援与管理特点、事故应急救援体系构建、事故应急救援预案及管理等内容；第二章探讨火灾灭火救援战斗行动与要素、火灾灭火救援战斗原则与指挥等内容；第三章讨论高层建筑火灾的救援工作、高层建筑外墙火灾的防控、高层建筑内部火灾的防控；第四章研究地铁火灾事故人员应急救援疏散、地铁车站的消防安全防控等内容、地铁火灾的防控技术及发展等方面的知识；第五章从城市交通隧道的火灾及救援、城市交通隧道的防火设计、城市交通隧道的消防安全防控三个方面分析城市交通隧道的火灾救援与防控；第六章探讨防火监督检查及其智慧化应用，内容包括防火监督检查流程及其完善、防火监督检查工作的优化路径、智慧消防及其在防火监督检查中的应用。

　　全书秉承通俗、易懂的理念，内容简洁、明了，结构层次严谨，客观、实用，由浅入深地由事故应急救援的概念，对读者进行引入，系统性地对火灾事故应急救援进行解读。另外，本书注重理论与实践的紧密结合，对我国建筑行业具有一定的参考价值。

　　本书的撰写得到了许多专家和学者的帮助和指导，在此表示诚挚的谢意。由于笔者水平有限，加之时间仓促，书中所涉及的内容难免有疏漏与不够严谨之处，希望各位读者多提宝贵意见，以待进一步修改，使之更加完善。

目　录

第一章　事故应急救援概论

事故应急救援的紧迫性关系到人类的生命和财产安全，因此，加强应急救援的工作是社会各阶层必须关注的重点工作。本章重点阐释事故应急救援与管理特点、事故应急救援的体系构建、事故应急救援预案及管理等方面的内容。

第一节　事故应急救援与管理特点

一、事故应急救援概述

应急救援是突发事件应急响应行动中的重要一环，也是在突发事件应对处置中减少人员伤亡和财产损失、将突发事件危害降到最低限度的关键一步。建立应急救援体系和加强应急救援工作，是提高各级政府及企业应对突发事件的能力，是加强应急管理工作的现实需要。

（一）事故应急救援的内涵

应急救援是指，突发事件责任主体采用预定的现场抢险和抢救方式，在突发事件应急响应行动中迅速、有效地保护人员的生命和财产安全，指导公众防护，组织公众撤离，减少人员伤亡。在各类突发事件中，自然灾害和事故灾难破坏力惊人，人员伤亡和财产损失巨大，需要迅速、有效地控制危害，其中道路交通事故、火灾、爆炸等事故灾难最为严重，发生地点又多为工矿企业、大中城镇等人员密集地，因而成为应急救援的主要对象。我国应急救援的组织体系、救援队伍、物资储备、应急机制建设等主要是针对这两类突发事件，特别是事故灾难进行的。因此，一般意义上的应急救援即指自然灾害、事故灾难、社会安全事件，以及公共卫生事件的应急救援。

(二) 事故应急救援的特点

事故应急救援工作涉及技术事故、自然灾害、城市生命线、重大工程、公共活动场所、公共交通、公共卫生和人为突发事件等多个公共安全领域，各领域之间构成一个复杂、巨大的系统，具有不确定性、突发性、复杂性，以及后果、影响易激化、放大的特点。

1. 不确定性和突发性

不确定性和突发性是各类公共安全事故、灾害与事件的共同特征，大部分事故都是突然爆发，爆发前基本没有明显征兆，灾害一旦发生，发展和蔓延速度极快，甚至失控。因此，要求应急行动必须在极短的时间内、在事故的第一现场做出有效反应，在事故产生重大灾难后果之前采取各种有效的防护、救助、疏散和控制事态等措施。为保证迅速对事故做出有效的初始响应，并及时控制住事态，应急救援工作应坚持属地化为主的原则，强调应急准备工作，包括建立全天候的昼夜值班制度，确保报警、指挥通信系统始终保持完好状态，明确各部门的职责，确保各种应急救援的装备、技术器材、有关物资随时处于完好可用状态，制定科学、有效的突发事件应急预案，保证在事故发生后能有效采取措施，把事故损失降到最低。

2. 应急活动的复杂性

应急活动的复杂性主要表现在：事故、灾害或事件影响因素与演变规律的不确定性和不可预见的多变性；众多来自不同部门参与应急救援活动的单位，在信息沟通、行动协调与指挥、授权与职责、通信等方面的有效组织和管理；应急响应过程中公众的过激反应、恐慌心理等突发行为的复杂性等。这些复杂因素的影响，给现场应急救援工作带来了严峻的挑战。

应急活动的复杂性还表现在现场处置措施的复杂性。重大事故的处置措施往往涉及较强的专业技术支持，包括易燃、有毒危险物质、复杂危险工艺，以及矿山井下事故处置等，对每一项行动方案、监测及应急人员防护等都需要在专业人员的支持下进行决策。因此，针对生产安全事故应急救援的专业化要求，必须高度重视建立和完善重大事故的专业应急救援力量、专业检测力量和专业应急技术与信息支持等的建设。

二、事故应急管理的特点

与自然灾害、公共卫生事件和社会安全事件相比，事故应急管理更显示其复杂性、长期性和艰巨性等特点，是一项长期而艰巨的工作。

首先，事故应急管理本身是一项复杂的系统工程。从时间序列来看，事故应急管理在事前、事中及事后三个过程中都有明确的目标和内涵，贯穿于预防、准备、响应和恢复的各个过程；从涉及的部门来看，事故应急管理涉及安全监督管理、消防、卫生、交通、物资、市政、财政等政府的各个部门，以及诸多社会团体或机构，如新闻媒体、志愿者组织、生产经营单位等；从应急管理涉及的领域来看，则更为广泛，如工业、交通、通信、信息、管理、心理、行为、法律等；从应急对象来看，种类繁多，涉及各种类型的事故灾难；从管理体系构成来看，涉及应急法制、体制、机制到保障系统；从层次上来看，则可划分为国家、省、市、县及生产经营单位应急管理。由此可见，事故应急管理涉及的内容十分广泛，在时间、空间和领域等方面构成了一个复杂的系统工程。

其次，因为重大事故发生具有偶然性和不确定性，事故应急管理又是一个容易忽视或放松警惕的工作。重大事故发生所表现的偶然性和不确定性，往往给事故应急管理工作带来消极的心理。重大事故的不确定性和突发性，要求事故应急管理常备不懈，一刻也不能放松，且任重道远。

事故应急管理是事故工作的重要组成部分。全面做好事故应急管理工作，提高事故防范和应急处置能力，尽可能避免和减少事故造成的伤亡和损失，是维护广大人民群众的根本利益、构建社会主义和谐社会的具体体现。

第二节 事故应急救援的体系构建

由于潜在的重大事故风险多种多样，所以，相应每类事故灾难的应急救援措施可能千差万别，但其基本应急模式是一致的。构建应急救援体系应贯彻顶层设计和系统论的思想，以事件为中心，以功能为基础，分析和明确应急救援工作的各项需求，在应急能力评估和应急资源统筹安排的基础上，科学地建立规范化、标准化的应急救援体系，保障各级应急救援体系的协调和统一。

由于各种事故灾难种类繁多，情况复杂，突发性强，覆盖面广，应急救援活动又涉及从高层管理到基层人员各个层次，从公安、医疗到环保、交通等不同领域，这都给应急救援日常管理和应急救援指挥带来了许多困难。解决这些问题的唯一途径是，建立起科学、完善的应急救援体系和实施规范、有序的运作程序。一个完整的事故应急救援体系由组织体制、运作机制、保障系统三部分构成。

一、组织体制

组织体制是安全生产事故应急救援体系的基础，主要包括管理机构、功能部门、应急指挥和应急救援队伍。

（一）管理机构

应急救援体系组织体制中的管理机构是指维持应急日常管理的负责部门，它负责组织、管理、协调和联络等方面的工作。国务院是应急管理工作的最高行政领导机构，由国务院常务会议和国家相关应急指挥机构负责应急管理工作；必要时，派出国务院工作组指导有关工作。国务院办公厅设国务院应急管理办公室，履行值守应急、信息汇总和综合协调职责，发挥运转枢纽作用；国务院有关部门依据有关法律、行政法规和各自职责，负责应急管理工作；地方各级人民政府是本行政区域应急管理工作的行政领导机构。同时，根据实际需要聘请有关专家组成专家组，为应急管理提供决策和建议。

（二）功能部门

应急救援体系组织体制中的功能部门包括与应急活动有关的各类组织机构，如公安、消防、医疗、通信机构等，这些机构在应急行动中承担着不同的事故应急救援任务，是应急救援的主要实施力量。而针对生产经营单位来说，不同企业发生的事故风险也不同，应急救援采取的活动也不同，但在发生事故后，企业需要有一些基本的应急功能，因为应急功能的实施和完成对控制事故蔓延和扩大、有效减少人员伤亡和事故损失具有非常重要的指导意义。

（三）应急指挥

指挥中心是在应急预案启动后，负责应急救援活动的场外与场内指挥系统。最高管理者有权指挥所有应急救援行动，确定事故发展态势及应急活动的先后顺序，由于事故发生的现场情况往往十分复杂，且汇集了各方面的应急力量与大量的资源，应急救援行动的组织、指挥和管理成为重大事故应急工作所面临的一个严峻挑战。对事故势态的管理方式决定了整个应急行动的效率。为保证现场应急救援工作的有效实施，必须对事故现场的所有应急救援工作实施统一的指挥和管理，即建立事故指挥系统（ICS），形成清晰的指挥链，以便及时地获取事故信息，分析和评估势态，确定救援的优先目标，决定如何实施快速、有效的救援行动和保护生命的安全措施，指挥和协调各方应急力量的行动，高效地利用可获取的资源，确保应急决策的正确性和应急行动的整体性和有效性。

现场应急指挥系统的结构应当在紧急事件发生前就已建立，预先对指挥结构达成一致意见，将有助于保证应急各方明确各自的职责，并在应急救援过程中更好地履行职责。现场指挥系统模块化的结构由指挥、行动、策划、后勤及资金/行政五个核心应急响应职能组成。

（1）事故指挥官。"在发生重大事故时，当多个部门参与协调时，第一指挥官或第二负责救援指挥的人员应当及时赶到现场进行指挥。如果特殊情况不能出现，则委托其他领导或相关负责人"。[1] 事故指挥官负责现场应急响应所有方面的工作，包括确定事故目标及实现目标的策略，批准实施书面或口头的事故行动计划，高效地调配现场资源，落实保障人员安全与健康的措施，管理现场所有的应急行动。事故指挥官可将应急过程中的安全问题、信息搜集与发布及与应急各方的通信联络分别指定相应的负责人，如信息负责人、联络负责人和安全负责人。各负责人直接向事故指挥官汇报。其中，信息负责人负责及时搜集、掌握准确完整的事故信息，包括事故原因、大小、当前的形势、使用的资源和其他综合事务，并向新闻媒体、应急人员及其他

---

[1] 张雯. 安全事故应急救援体系的分析 [J]. 山东工业技术，2019(05)：241.

相关机构和组织发布事故的有关信息；联络负责人负责与有关支持和协作机构联络，包括到达现场的上级领导、地方政府领导等；安全负责人负责对可能遭受的危险或不安全情况提供及时、完善、详细、准确的危险预测和评估报告，制定并向事故指挥官建议确保人员安全和健康的措施，从安全方面审查事故行动计划，制订现场安全计划等。

（2）行动部。行动部负责所有主要的应急行动，包括消防与抢险、人员搜救、医疗救治、疏散与安置等。所有的战术行动都依据事故行动计划来完成。

（3）策划部。策划部负责搜集、评价、分析及发布事故相关的战术信息，准备和起草事故行动计划，并对有关的信息进行归档。

（4）后勤部。后勤部负责为事故的应急响应提供设备、设施、物资、人员、运输、服务等。

（5）资金 / 行政部。资金 / 行政部负责跟踪事故的所有费用并进行评估，承担其他职能未涉及的管理职责。

事故现场指挥系统的模块化结构的一个最大优点是，允许根据现场的行动规模，灵活启用指挥系统相应的部分结构，因为很多事故可能并不需要启动策划、后勤或资金 / 行政模块。需要注意的是，对没有启用的模块，其相应的职能由现场指挥官承担，除非明确指定给某一负责人。当事故规模进一步扩大，响应行动涉及跨部门、跨地区或上级救援机构加入时则可能需要开展联合指挥，即由各有关主要部门代表成立联合指挥部，该模块化的现场系统则可以很方便地扩展为联合指挥系统。

（四）应急救援队伍

事故应急救援队伍则由专人和兼职人员组成。国家安全生产应急救援指挥中心和国务院有关部门的专业安全生产应急救援指挥中心制定行业或领域各类企业安全生产应急救援队伍配备标准，对危险行业或领域的专业应急救援队伍实行资质管理，确保应急救援安全、有效地进行。有关企业应当依法按照标准建立应急救援队伍，按标准配备装备，并负责所属应急队伍的行政、业务管理，接受当地政府安全生产应急管理与协调指挥机构的检查和指导。省级安全生产应急救援骨干队伍接受省级政府安全生产应急管理与协调指挥机构的检查和指导。国家级区域安全生产应急救援基地，接受国家安全生产应急救援指挥中心和国务院专业安全生产应急管理与协调指挥机构对其检查和指导。

二、运作机制

应急运作机制主要由统一指挥、分级响应、属地为主和公众动员四个基本机制组成。

（一）统一指挥

统一指挥是应急活动最基本的原则。应急指挥一般分为集中指挥与现场指挥，或场外指挥与场内指挥等。无论采用哪种指挥系统，都必须实行统一指挥的模式，无论应急救援活动涉及单位的行政级别高低，还是隶属关系不同，都必须在应急指挥部的统一协调下行动。

（二）分级响应

分级响应是指，在初级响应到扩大应急的过程中，实行的分级响应机制。扩大或提高应急级别的主要依据是事故灾难的危害程度，影响范围和控制事态能力。影响范围和控制事态能力是"升级"的最基本条件。扩大应急救援主要是提高指挥级别、扩大应急范围等。应急救援体系应根据事故的性质、严重程度、事态发展趋势和控制能力实行分级响应机制，对不同的响应级别，相应地明确事故的通报范围、应急中心的启动程度、应急力量的出动和设备、物资的调集规模、疏散的范围、应急总指挥的职位等。典型的响应级别通常可分为三级。

（1）一级紧急情况：必须利用所有有关部门及一切资源的紧急情况，或者需要各个部门同外部机构联合处理的各种紧急情况，通常要宣布进入紧急状态。在该级别中，做出主要决定的职责通常是紧急事务管理部门。现场指挥部可在现场做出保护生命和财产，以及控制事态所必需的各种决定。解决整个紧急事件的决定，应该由紧急事务管理部门负责。

（2）二级紧急情况：需要两个或更多个部门响应的紧急情况。该事故的救援需要有关部门的协作，并且提供人员、设备或其他资源。该级响应需要成立现场指挥部来统一指挥现场的应急救援行动。

（3）三级紧急情况：能被一个部门正常可利用的资源处理的紧急情况。正常可利用的资源指在该部门权力范围内通常可以利用的应急资源，包括人力和物力等。必要时，该部门可以建立一个现场指挥部，所需的后勤支持、人员或其他资源增援由本部门负责解决。

（三）属地为主

属地为主强调"第一反应"的思想和以现场应急、现场指挥为主的原则。在国家的整个应急救援体系中，地方政府和地方应急力量是开展事故应急救援工作的主力军，地方政府应充分调动地方的应急资源和力量开展应急救援工作。现场指挥以地方政府为主，部门和专家参与，充分发挥企业的自救功能。按照属地为主的原则，安全生产事故发生后，生产经营单位应当及时向当地政府主管部门报告。生产经营单位和个人对突发安全生产事故不得瞒报、缓报、谎报。在建立安全生产事故应急报告机制的同时，还应当建立与当地其他相关机构的信息沟通机制。根据安全生产事故的情况，当地政府主管部门应当及时向当地应急指挥部机构报告，并向当地消防等有关部门通报情况。

强调属地为主，主要是因为属地对本地区的自然情况、气候条件、地理位置、交通灯比较熟悉，能够提交及时、有效、快速的救援方案，并能协调本地区的各应急功能部门，优化资源、协调作战的最佳作用。

（四）公众动员

公众动员既是应急机制的基础，也是整个应急体系的基础。在应急体系的建立及应急救援过程中，要充分考虑并依靠民间组织、社会团体及个人的力量，营造良好的社会氛围，使公众参与到救援过程，人人都成为救援体系的一部分。当然，并不是要求公众去承担事故救援的任务，而是希望充分发挥社会力量的基础性作用，建立健全组织和动员人民群众参与应对事故灾难的有效机制，增强公众的防灾、减灾意识，加强公众应急能力方面培训，提高公众应急反应能力，使公众掌握应急处置基本方法，在条件允许的情况下发挥应有的作用。

三、保障系统

应急保障系统是安全生产事故应急救援体系的有机组成部分，是体系运转的物质条件和手段，主要包括通信信息系统、物资装备系统、人力资源系统、财务经费系统等。

(一) 通信信息系统

应急保障系统的第一位是通信信息系统，构建集中管理的信息通信平台是应急体系最重要的基础建设。应急信息通信系统保证所有预警、报警、警报、报告、指挥等活动的信息交流快速、顺畅、准确，以及信息资源共享。

一般而言，应急救援信息系统主要包括：基础设施、信息资源系统、应用服务系统、信息技术标准体系及信息安全保障体系五个部分。其中，基础设施由计算机软硬件、网络系统、通信集成等部件组成，是信息系统运行的物理平台；信息资源系统由支持应急管理的数据库、知识库、专家系统和管理与支持的软件等构成；应用服务系统是直接面对各类用户的界面，也是内外部信息交互的端口；而技术标准、规范及信息安全保障系统则是上述三个部分运行的保障。

应急管理的各个阶段根据事件类型不同，有不同的功能要求，这些功能需要应急信息管理系统模块的支持。应急救援信息系统服务于应急预防、准备、响应和恢复等应急管理的全过程。应急救援信息系统的信息链是连接各项应急活动的纽带，对不同阶段或时期的应急管理都能提供快速、高效和安全的保障。

(二) 物资装备系统

物资与装备不但要保证足够的资源，而且要快速、及时供应到位。地方各级人民政府应根据有关法律、法规和应急预案的规定，做好物资储备工作。各企业按照有关规定和标准针对本企业可能发生的事故特点在本企业内储备一定数量的应急物资，各级地方政府针对辖区内易发重特大事故的类型和分布，在指定的物资储备单位或物资生产、流通、使用企业和单位储备相应的应急物资，形成分层次、覆盖本区域各领域各类事故的应急救援物资保障系统，保证应急救援需要。

（三）人力资源系统

人力资源保障包括队伍建设、专业队伍加强、志愿人员及其他有关人员，通过应急方面的教育培训，使得他们能作为人力保证的支撑，参与救援。如：公安（消防）、医疗卫生、地震救援、海上搜救、矿山救护、森林消防、防洪抢险、核与辐射、环境监控、危险化学品事故救援、铁路事故、民航事故、基础信息网络和重要信息系统事故处置，以及水、电、油、气等工程抢险救援队伍都是应急救援的专业队伍和骨干力量。

地方各级人民政府和有关部门、单位要加强应急救援队伍的业务培训和应急演练，建立联动协调机制，提高装备水平；动员社会团体、企事业单位，以及志愿者等各种社会力量参与应急救援工作；增进国际的交流与合作。要加强以乡镇和社区为单位的公众应急能力建设，发挥其在应对突发公共事件中的重要作用。

（四）财务经费系统

应急财务保障是要保证所需事故应急准备和救援工作资金。对受事故影响较大的行业、企事业单位和个人要及时研究提出相应的补偿或救助政策，并要对事故财政应急保障资金的使用和效果进行监管和评估。应急财务保障应建立专项应急科目，如应急基金等，以及保障应急管理运行和应急反应中的各项开支。安全生产应急救援工作是重要的社会管理职能，属于公益性事业，关系到国家财产和人民生命安全，有关应急救援的经费按事权划分应由中央政府、地方政府、企业和社会保险共同承担。

第三节　事故应急救援预案及管理

一、事故应急救援预案

事故应急救援预案，又名"事故预防和应急处理预案"或"事故应急处理预案"，是针对危险源而制订的一项应急反应计划。最早是化工生产企业为预防、预测和应急处理"关键生产装置事故""重点生产部位事故""化学泄漏事故"而预先制订的应急预案。目前，事故应急救援预案已从化工行业扩展到其他各行各业，从针对化学事故的对策发展到多种事故和灾害的预防和救援。[①]

（一）突发公共事件总体应急预案

1. 突发公共事件的分类分级

"突发公共事件"是指突然发生，造成或者可能造成重大人员伤亡、财产损失、生态环境破坏和严重社会危害，危及公共安全的紧急事件。

突发公共事件主要分自然灾害、事故灾难、公共卫生事件、社会安全事件等四类；按照其性质、严重程度、可控性和影响范围等因素分成四级，特别重大的是Ⅰ级，重大的是Ⅱ级，较大的是Ⅲ级，一般的是Ⅳ级。

具体来看，自然灾害主要包括水旱灾害、气象灾害、地震灾害、地质灾害、海洋灾害、生物灾害和森林草原火灾等；事故灾难主要包括工矿商贸等企业的各类安全事故、交通运输事故、公共设施和设备事故、环境污染和生态破坏事件等；公共卫生事件主要包括传染病疫情、群体性不明原因疾病、食品安全和职业危害、动物疫情以及其他严重影响公众健康和生命安全的事件；社会安全事件主要包括经济安全事件、涉外突发事件等。

2. 突发公共事件的信息发布

发生突发公共事件后，及时准确地向公众发布事件信息，是负责任的重要表现。对于公众了解事件真相，避免误信谣传，从而稳定人心，调动公众积极投身抗灾救灾，具有重要意义。总体预案要求，突发公共事件的信息发布应当及时、准确、客观、全面。要在事件发生的第一时间向社会发布简要信息，随后发布初步核实情况、政府应对措施和公众防范措施等，并根据事件处置情况做好后续发布工作。

3. 突发公共事件的保障措施

发生突发公共事件，尤其是自然灾害，人民群众的生活必然会受到影响。考虑到这些，总体预案强调，要做好受灾群众的基本生活保障工作。确

[①] 柴建设. 事故应急救援预案 [J]. 辽宁工程技术大学学报，2003（04）：559-560.

保灾区群众有饭吃、有水喝、有衣穿、有住处、有病能得到及时医治。

要做到这些，相关的保障措施必须跟上，比如：卫生部门要组建医疗应急专业技术队伍，根据需要及时赴现场开展医疗救治、疾病预防控制，及时为受灾地区提供药品、器械等卫生和医疗设备；应急交通工具要优先安排、优先调度、优先放行，确保运输安全畅通。

（二）安全生产事故专项应急预案

安全生产事故专项应急预案是按照国家安全生产事故灾难应急预案的要求，针对安全生产领域某一类型事故编制的预案，在国家突发公共事件应急预案体系中属于突发公共事件部门应急预案。目前，国家安全生产监督管理总局负责的安全生产事故专项应急预案共六个：矿山事故灾难应急预案、危险化学品事故灾难应急预案、陆上石油天然气开采事故灾难应急预案、陆上石油天然气储运事故灾难应急预案、海洋石油天然气作业事故灾难应急预案以及冶金事故灾难应急预案等。

1. 专项应急预案的定位与编制原则

六个部门应急预案是针对行业生产安全事故特点，由国家安全生产监督管理总局根据职责分工为应对重大事故灾难而制定的应急预案。六个部门应急预案由国家安全生产监督管理总局负责起草、发布和实施，报国务院审核和备案。

六个部门应急预案编制工作遵循"以人为本、安全第一，统一领导、分级负责，条块结合、属地为主，资源共享、协同应对，依靠科学、依法规范，预防为主、平战结合"的工作原则，建立健全危险源管理和事故预防预警工作机制，全面提高应对事故灾难和风险的能力，最大限度地预防和减少重大事故及其造成的损失和危害，保护劳动者生命安全，维护社会稳定，促进经济社会持续快速协调健康发展。

2. 专项应急预案的基本框架与内容

六个部门应急预案各自由八个部分组成，即总则、组织指挥体系与职责、预防预警、应急响应、后期处置、保障措施、附则和附录。主要包括以下内容：

（1）适用范围和响应分级标准，包括预案编制的工作原则。

（2）应急组织机构和职责，包括现场应急指挥机构和专家组的建立和主要职责。

（3）事故监测与预警，包括重大危险源管理和预警的建立。

（4）信息报告与处理，包括信息报告程序、处理原则和新闻发布。

（5）应急处置，包括先期处置、分级负责、指挥与协调，现场救助和应急结束。

（6）应急保障措施，包括人力资源、财力保障、医疗卫生、交通运输、通信与信息、公共设施、社会治安、技术和各种应急物资的储备与调用等。

（7）恢复与重建，包括及时由非常态转为常态、善后处置、调查评估和恢复等工作。

（8）应急预案监督与管理，包括预案演练、培训教育及预案更新等。

二、事故应急预案管理

应急预案是应急救援行动的指南性文件，为确保预案的有效实施，必须对预案进行有效的管理。

（一）应急预案的评审与公布

应急预案编制完成后，应进行评审。应急预案评审的目的是确保预案能反映其适用区域当前经济、土地使用、技术发展、应急能力、危险源、危险物品使用、法律及地方性法规、道路建设、人口、应急电话以及企业地址等方面的最新变化，确保应急预案与当前应急响应技术和应急能力相适应。评审后，按规定报有关部门备案，并经生产经营单位主要负责人签署发布。

1. 应急预案评审类型

应急预案草案应经过所有要求执行该预案的机构或为预案执行提供支持的机构的评审。同时，应急预案作为重大事故应急管理工作的规范性文件，一经发布，又具有相当权威性。因此，应急管理部门或编制单位应通过预案评审过程不断地更新、完善和改进应急预案文件体系。评审过程应相对独立。根据评审性质、评审人员和评审目标的不同，将评审过程分为内部评审和外部评审两类。

（1）内部评审。内部评审是指编制小组内部组织的评审。应急预案编制单位应在预案初稿编写完成之后，组织编写成员对预案内部评审，内部评审不仅要确保语句通畅，更重要的是评估应急预案的完整性。编制小组可以对照检查表检查各自的工作或评审整个应急预案。如果编制的是特殊风险预案，编制小组应同时对基本预案、标准操作程序和支持附件进行评审，以获得全面的评估结果，保证各种类型预案之间的协调性和一致性。内部评审工作完成之后，应对应急预案进行修订并组织外部评审。

（2）外部评审。外部评审是预案编制单位组织本城或外埠同行专家、上级机构、社区及有关政府部门对预案进行评议的评审。外部评审的主要作用是确保应急预案中规定的各项权力法治化，确保应急预案被所有部门接受。根据评审人员和评审机构的不同，外部评审可分为同行评审、上级评审、社区评议和政府评审四类。

2.应急预案评审方法

应急预案评审采取形式评审和要素评审两种方法。形式评审主要用于应急预案备案时的评审，要素评审用于生产经营单位组织的应急预案评审工作。应急预案评审采用符合、基本符合、不符合三种意见进行判定。对于基本符合和不符合的项目，应给出具体修改意见或建议。

（1）形式评审。依据有关行业规范，对应急预案的层次结构、内容格式、语言文字、附件项目以及编制程序等内容进行审查，重点审查应急预案的规范性和编制程序。

（2）要素评审。依据国家有关法律法规有关行业规范，从合法性、完整性、针对性、实用性、科学性、操作性和衔接性等方面对应急预案进行评审。为细化评审，采用列表方式分别对应急预案的要素进行评审。评审时，将应急预案的要素内容与评审表中所列要素的内容进行对照，判断是否符合有关要求，指出存在问题及不足。应急预案要素分为关键要素和一般要素，具体如下：

关键要素是指应急预案构成要素中必须规范的内容。这些要素涉及生产经营单位日常应急管理及应急救援的关键环节，具体包括危险源辨识与风险分析、组织机构及职责、信息报告与处置和应急响应程序与处置技术等要素。关键要素必须符合生产经营单位实际和有关规定要求。

一般要素是指应急预案构成要素中可简写或省略的内容。这些要素不涉及生产经营单位日常应急管理及应急救援的关键环节，具体包括应急预案中的编制目的、编制依据、适用范围、工作原则、单位概况等要素。

3.应急预案评审程序

应急预案编制完成后，生产经营单位应在广泛征求意见的基础上，对应急预案进行评审。

（1）评审准备。成立应急预案评审工作组，落实参加评审的单位或人员，将应急预案及有关资料在评审前送达参加评审的单位或人员。

（2）组织评审。评审工作应由生产经营单位主要负责人或主管安全生产工作的负责人主持，参加应急预案评审人员应符合相关要求。生产经营规模小、人员少的单位，可以采取演练的方式对应急预案进行论证，必要时应邀请相关主管部门或安全管理人员参加。应急预案评审工作组讨论并提出会议评审意见。

（3）修订完善。生产经营单位应认真分析研究评审意见，按照评审意见对应急预案进行修订和完善。评审意见要求重新组织评审的，生产经营单位应组织有关部门对应急预案重新进行评审。

（4）批准印发。生产经营单位的应急预案经评审或论证，符合要求的，由生产经营单位主要负责人签发。

（二）应急预案的评估与修订

应急预案编制单位应当每年至少进行一次应急预案适用情况的评估，分析评价其针对性、操作性和实用性，实现应急预案动态优化和科学规范管理，并编制评估报告。各级安全生产监督管理部门和其他负有安全监管职责的部门，应当每年对应急预案的管理情况进行总结，并纳入年度安全生产应急管理工作总结，报上一级主管部门。其他负有安全监管职责部门的应急预案管理工作总结，应当抄送同级安全生产监督管理部门。地方各级安全生产监督管理部门应当按照应急预案的要求储备与地区生产经营单位应急救援需求相适应的应急物资装备。

地方各级安全生产监督管理部门制定的应急预案，应当根据预案演练、机构变化等情况适时修订。生产经营单位制定的应急预案应当至少每三年修订一次，预案修订情况应有记录并归档。有下列情形之一的，应急预案应当及时修订：

（1）生产经营单位因兼并、重组、转制等导致隶属关系、经营方式、法定代表人发生变化的。

（2）生产经营单位生产工艺和技术发生变化的。

（3）应急资源发生重大变化的。

（4）预案中的其他重要信息发生变化的。

（5）面临的风险或其他重要环境因素发生变化，形成新的重大危险源的。

（6）应急组织指挥体系或者职责已经调整的。

（7）依据的法律、法规、规章、标准和预案发生变化的。

（8）在生产安全事故实际应对和应急中发现需要做出调整的。

（9）应急预案编制部门或单位认为应当修订的其他情况。

生产经营单位应当及时向有关部门或者单位报告应急预案的修订情况，按照应急预案报备程序及时重新备案。生产经营单位应当按照应急预案的要求配备相应的应急物资及装备，建立使用状况档案，定期检测和维护，使其处于良好状态。

第二章　火灾灭火救援技术与指挥

灭火救援技术是人类社会灭火救援实践活动的产物，并随着火灾特点的变化、消防技术装备的发展和人类抗灾、救灾的需要而形成和发展起来的。本章主要探索火灾灭火救援战斗行动与要素、火灾灭火救援战斗原则与指挥。

第一节　火灾灭火救援战斗行动与要素

"随着国内经济水平的快速增长，各类火灾事故的发生率也在不断增加，火灾事故的发生会给人们的正常工作和生活带来不同程度的影响。"[①] 灭火救援战斗是公安消防部队与火灾等灾害进行斗争的一种主要表现形式。事故发生后，消防队接警出动、奔赴火场，开展灭火救援等系列战斗行动，直至完成各项任务归队，构成了灭火救援战斗的全过程。它具有组织性、目的性、时间性和协同性等特点。

一、火灾灭火救援战斗行动

灭火救援战斗行动包括从受理火警至灭火救援战斗结束整个过程的活动。灭火救援战斗行动由接警出动、火情侦察、战斗展开、战斗进行、战斗结束等主要环节组成。

（一）接警出动

消防队由接警至到达火场的过程，称为接警出动。它包括受理火警、调

---

① 吕亮.提升消防救援队伍灭火救援战斗力的探讨 [J]. 中国科技纵横，2021(1)：104.

度力量、灭火出动三个方面。

1. 受理火警

受理火警，是指作战指挥中心和基层消防中队的通信室，对外界通过各种渠道和方式报来的火灾信息，进行处理的活动。它是灭火救援战斗行动的开始。

受理火警主要有集中接警和分散接警两种方式：①集中接警是指在消防辖区内，只设置一处报警受理点，集中受理辖区内发生的火灾及其他灾害事故报警；②分散接警也称独立接警，是指在消防辖区内，划分若干个接警区域，对应设置若干处报警受理点，分别独立接受和处理本区域的火灾和其他灾害事故报警。它以消防中队独立接警为主要形式。

受理火警的方法主要有询问和记录两种，如下：

（1）询问。询问是向报警人询问灾害事故的有关情况，主要内容有：灾害事故地点，包括灾害事故单位名称、地址，附近标志性建筑等；灾害事故情况，包括燃烧物类型或事故的性质、灾害程度，建筑物、构筑物情况，现场有无被困人员和爆炸、倒塌、泄漏等情况；报警人相关信息，包括报警人的姓名、单位，报警电话号码和报警人所处的位置等。

（2）记录。记录是指由人工或计算机记录报警内容，填（输）接警单（表），并启动录音等相关设备。记录的内容要简要、完整，不能缺项。

2. 调度力量

（1）力量调度的方式。调度灭火救援战斗力量的方式取决于接警方式。

采用集中接警方式时，消防调度由消防总（支、大）队的消防作战指挥中心集中组织实施。接警调度人员受理灾害事故报警后，立即调度首批出动力量出动，并向值班首长报告处警情况。同时，与首批出动力量保持不间断的通信联络，及时掌握并向上级领导报告现场的态势和灭火救援战斗的进展情况，并根据现场指挥员的要求或上级首长的指示，完成增援力量的调度任务，直至灭火救援战斗行动结束。

采用分散接警方式时，消防调度由消防中队的通信室独立组织实施。值班通信员受理灾害事故报警后，如果确定灾害事故地点属本中队辖区内的，应立即发出出动信号，并向执勤的中队指挥员和上级消防作战指挥中心报告情况。同时，保持与现场的通信联络，及时上报相关信息，并按中队现场指挥员的要求，及时请求增援，直至灭火救援战斗行动结束。待中队出动力量归队后，向上级消防作战指挥中心报告归队时间。

（2）力量调度的方法。受理报警后，应当根据灾情、预案和调动方案，迅速调派力量，及时了解灾害事故现场情况，并立即向全勤指挥部和值班首长报告，根据需要和指挥员的命令通知供水、供电、供气、通信、医疗救护、交通运输、环境保护等有关单位、技术专家到场配合作战行动。

3. 灭火出动

灭火出动，是指消防人员从接到出动指令至奔赴火场的过程，是灭火作战行动的首个环节。

（1）出动时机。公安消防队必须立即出动的情况包括：①接到火灾及其职责任务范围内的报警或者上级命令时；②上级检查执勤战备情况，发布出动命令时；③其他需要立即出动的情况。

（2）出动要求。消防中队执勤人员听到出动信号，必须按照规定着装登车，首车驶离车库时间一般不得超过1min。登车出动要做到迅速、有序，人员、器材齐全。向火场行驶过程中，要选择最佳行驶路线，在途中应保持出动车辆与消防作战指挥中心、各出动车辆之间的通信联络畅通，注意行车安全。

（二）火情侦察

1. 火情侦察的内容

指挥员到达火场后，应当立即组织火情侦察，并将侦察工作贯穿于火灾扑救的全过程。火情侦察应当查明情况：①有无人员受到火势威胁，人员数量、所在位置和救援方法及防护措施；②燃烧的物质、范围，火势蔓延的途径和发展趋势以及可能造成的后果；③消防控制中心和内部消防设施启动及运行情况，现场有无带电设备，是否需要切断电源；④起火建（构）筑物的结构特点、毗连状况，抢救疏散人员的通道，内攻救人灭火的路线，有无坍塌危险；⑤有无爆炸、毒害、腐蚀、忌水、放射等危险物品以及可能造成污染等次生灾害；⑥有无需要保护的重点部位、重要物资及其受到火势威胁的情况。

2. 火情侦察的方法

不同的火灾有不同的火情侦察方法，通常情况下可采用外部观察、内部侦察、询问知情人、仪器检测和利用消防控制中心侦察监控等方法。

（1）外部观察。外部观察是指火场指挥员通过直观火场外部情况的方式进行火情侦察的过程。外部观察包括途中观察和火场观察。

途中观察是指消防指挥员在向火场行驶途中，通过对燃烧区上空升腾的烟雾和火光情况的观察，初步判断火场上的燃烧物质及火势发展的方法。其依据主要包括：根据烟的颜色，分析判断燃烧物质的性质；根据烟雾的形状及烟雾的大小，分析判断火场的燃烧面积；根据烟雾的流动，判断火势蔓延的大致方向。途中观察有利于及时了解火场的初步情况，并可把观察到的情况通报给作战指挥中心，为提前调集增援力量提供决策依据。

火场观察是指火场指挥员到达火场后，通过视觉器官对火场上火势发展的程度、热辐射强度、火势蔓延对周围建筑与设施影响程度等情况进行侦察行动。通过火场观察，可判断着火的大概位置、燃烧物的性质、燃烧的范围、火势蔓延的主要方向、对毗邻建（构）筑物和对被困人员的威胁程度，以及飞火对周围可燃物的影响等基本情况。

（2）内部侦察。侦察人员深入火场内部，查看燃烧部位、火势蔓延方向和途径，贵重仪器设备和物资受火势威胁的程度，寻找被困人员，辨别燃烧物质的性质，了解建筑结构特点，建筑物有无倒塌破坏征兆，是否需要破拆，寻找进攻路线与疏散通路，发现对灭火救援战斗有利和不利的因素等。

（3）询问知情人。侦察人员直接向火灾单位负责人、安全保卫人员、工程技术人员、值班人员、周围群众和目击者询问，以调查火场的详细情况。必要时，由熟悉火场情况的人员做向导，带领侦察人员进入火场内部进行侦察。

（4）仪器检测。在有可燃气体、放射性物质、有毒物质、浓烟、空心墙、闷顶等特殊情况的火灾现场，侦察人员应使用可燃气体测爆仪、辐射侦察仪、红外线火源探测仪等专用检测仪器进行侦察，以便及时查明火场情况，找到火源位置，采取有力措施，避免发生不应有的人员伤亡和财产损失。

（5）利用消防控制中心侦查监控。设有消防控制室的建筑发生火灾时，侦察人员应通过消防控制室内的各种可视监控系统，迅速了解情况：着火楼层、着火部位，燃烧范围及火势蔓延方向等情况；着火建筑内有无人员被困，被困人员所处的位置、数量及受烟火威胁的程度；可供人员救助、实施灭火进攻等路线的可利用情况；消防控制室内部各种消防设施接受火灾报警的情况；自行启动灭火与防排烟系统的运行情况；切断非消防电源的情况；对各类建筑消防设施联动控制及供水系统正常运行等情况。

（三）战斗展开

战斗展开是指消防队到达火场后，火场指挥员根据火场情况或按该单位灭火作战预案的规定，下达作战命令，灭火力量按照各自的任务分工，迅速进入作战阵地和位置的战斗行动。

1. 战斗展开的形式

参战的公安消防部队根据火场情况，可以采取下列战斗展开形式：

（1）准备展开。从建筑外部看不到燃烧部位和火焰时，指挥员应当在组织火情侦察的同时，命令参战人员占领水源，将主要战斗装备摆放在消防车前，做好战斗展开的准备。

（2）预先展开。从建筑外部能够看到火焰和烟雾时，指挥员在组织火情侦察的同时，命令参战人员携带战斗装备接近起火部位，铺设水带干线供水，做好进攻准备。

（3）全面展开。基本掌握火场的情况后，指挥员应当确定作战意图，果断命令参战人员立即实施火灾扑救。

2. 战斗展开的要求

（1）铺设水带。战斗员铺设水带时应做到：正确选择铺设水带的路线；保证不间断供水；不影响车辆通行；水带要留有机动长度；避开腐蚀物质和油污。

（2）运送器材。战斗员在向前方运送消防器材和工具时，尽量做到一次带全，避免多次往返，延误时机。

（3）架设消防梯。架设两节或三节拉梯时应选择安全位置；确保架梯角度；不得随便移梯；不得超过荷载；注意互相保护。举高消防车架设时应注意选择好地点（位置），严禁超荷载，搞好安全防护。

（四）战斗进行

战斗进行是灭火救援战斗行动的主要环节。战斗进行阶段主要包括火场救人、疏散与保护物资、火场破拆、火场排烟、减少水渍、火场供水、火场警戒、火灾扑救等主要任务。

1. 火场救人

火场救人，是指消防人员使用各种技术和器材装备等各种有效方法营救火场上受火势围困和其他险情威胁的人员的战斗行动。

寻找被困人员的方法包括：①询问知情人，了解被困人员的基本情况（如人数、性别、年龄、所在地点等），确定抢救被困人员的途径和方法；②主动呼喊，消防人员未佩戴防护面具时可向可能有被困人员的燃烧区喊话，唤起被困人员的反应，以便迅速发现被困人员所在地点；③搜寻，消防人员可通过所携带的照明灯具、探棒、生命探测仪等工具进入室内寻找被困人员。寻找时应沿周围墙壁开始，对小隔间、橱柜、浴室、床上、床下等处均应寻找，以免遗漏，搜寻完一室后留下已寻找过的标记，如将椅子翻过来，将床垫横在床上等，建筑物室内温度过高不能进入时，可利用长柄工具由门窗伸入探找；④细听，注意倾听被困人员的求救声，以及喘息、呻吟和响动等，辨别被困人员所在的位置。

2. 疏散与保护物资

疏散与保护物资，是指在灭火救援战斗中参战人员采用各种方法将受到火势（险情）直接威胁的物资疏散到安全地带，或用灭火、遮盖等方法将物资就地保护起来的战斗行动。物资疏散必须有组织地进行。疏散物资的工作由火场指挥部及失火单位统一组织进行，以确定疏散物资的方法、先后顺序、疏散路线、存放地点等。有较多人员参加疏散物资时，应将人员编组，确定负责人，确保人员和物资的安全，使疏散工作安全而有秩序地进行。

（1）疏散物资的方法。火场上需要疏散和保护的物资，因其形态、重量、体积、价值等不同，其疏散方法也不同，需要根据轻重缓急和具体情况分别采取以下不同的疏散方法：

①人工传递疏散。在疏散距离长、物资多且疏散人员有限的情况下，为减少疏散人员的体力消耗，避免长距离负重作业，可采取人工传递的疏散方

法，将物资逐步疏散至安全地点。

②机械搬运疏散。为加快物资疏散速度，可调用附近可利用的电瓶车、板车、铲车、叉车、电梯、吊车、起重机和汽车等设备，进行装卸搬运，缩短疏散时间，减少火灾损失。

③安全绳疏散。当正常疏散通道受阻（如消防电梯故障、疏散楼梯被烟火封锁）时，可先利用安全绳在室内固定牢固后，然后把捆扎包装好的物资挂在安全绳上，在导引绳的控制下，安全滑向室外或地面。

④举高消防车疏散。在高层建筑火灾扑救中，当建筑内部的疏散通道无法使用，贵重物资数量不多且方便搬运时，在高度允许的范围内，可利用云梯消防车、登高平台消防车等举高车疏散贵重物资。使用此法疏散虽然比较有效，但疏散速度缓慢。

⑤管道疏散。对于易燃液体、可燃气体储罐着火，可利用罐区的管道、输送泵，将着火罐或受火势威胁储罐内的物料输转到安全的储罐或槽车内。输转完成后迅速关闭连通阀门。

⑥小组强攻疏散。需要疏散的物资如果受到火势或浓烟威胁，可组成疏散小组，在灭火进攻的同时组织物资疏散。在疏散过程中，应使用开花水流或雾状水流掩护。

⑦应急疏散。需要疏散的物资因火势迅猛，来不及全部疏散到安全地带时，可将物资搬往距离最近且相对较为安全的区域内（如邻近的房间、走廊、通道等），然后再往安全地带疏散，以便赢得疏散物资的时间。

（2）保护物资的方法。对于难以疏散且又必须保证安全的物资，应灵活利用现场条件，采取有效措施予以保护。

①堵截控制火势保护物资。对于固定的大型机械设备或无法及时疏散的物资，在其受到火势威胁时，应采用喷射雾状水流或设置水幕等方法堵截火势向其蔓延，从而达到保护物资的目的。

②覆盖无法转移的物资。当被保护物资不能用水冷却时，可用不燃或难燃材料予以覆盖；对于易燃可燃液体，可喷射泡沫予以覆盖；对于忌水渍、烟熏、灰尘污染的物资，如香烟、布匹、纸张、粮食、家用电器等，应用苫布等进行遮盖防护。

③冷却保护物资。对固定的大型机械设备，运用喷淋系统、喷射雾状

水流、设置水幕等方法实施冷却保护。对于受到火势威胁且又无法实施管道疏散的油、气储罐，可以用固定冷却系统或高强度、不间断的水枪（炮）射流实施冷却保护。

④破拆法保护物资。对于毗邻建筑密集的平房区、棚户区或大面积火灾，为降低火灾损失，可利用破拆法保护物资。主要是利用破拆工具以及推土机、铲车等工程机械等拆除易燃结构，形成隔火带阻止火势蔓延，从而达到保护物资的目的。

3. 火场破拆

火场破拆是指消防人员为完成火场侦察、救人、疏散物资、阻截火势蔓延、灭火等各项战斗任务，对建（构）筑物及其构件或其他物体进行局部或全部拆除的行动。

（1）破拆的目的。灭火救援战斗中，消防人员对建（构）筑物及其构件或其他物体进行破拆，其目的包括：①为查明火源和燃烧的范围，以及抢救人员和疏散重要物资需要开辟通道时，可以对毗邻火灾现场的建（构）筑物、设施进行破拆；②当火势迅速蔓延难以控制时，可以在火势蔓延的主要方向，根据火势蔓延的速度，选择适当位置拆除毗邻火灾现场的可燃建（构）筑物，开辟隔离带，阻断火势蔓延；③当发生火灾的建（构）筑物或者局部出现倒塌的危险，直接威胁人身安全、妨碍灭火救援战斗行动时，可以进行破拆；④当发生火灾的建（构）筑物内部聚集大量的高温浓烟时，为改变火势发展蔓延方向，定向排除高温浓烟，便于救人、灭火，应当选择不会引起火势扩大的部位进行破拆。

（2）破拆的原则。火场上破拆的基本原则是要有利于控制火势、救人抢险、消灭火灾、减少损失，有利于灭火救援战斗行动。①先明确破拆目的，然后再进行破拆，破拆要既有利于救人抢险，又有利于控制和消灭火势，能够最大限度地减少损失；②先查明情况，然后进行破拆，查明情况要具体细致，要做到详细侦察，正确判断；③先做好准备，然后再进行破拆；④重要的破拆，要先请示，后进行；⑤保障破拆和灭火人员的安全。

（3）破拆的方法。灭火救援战斗中，灭火人员能否迅速破拆建（构）筑物及其构件，直接关系到灭火、救人、疏散物资等战斗任务的完成，有时还关系到灭火人员的安全。破拆的方法包括：①砸撬法，砸撬法是使用铁铤、腰斧、大斧头等破拆工具进行破拆的方法；②拉拽法，主要是利用消防安全绳、消防钩等工具进行破拆的方法；③切扩法，是用油锯、手提砂轮机、气体切割器、气动切割器、扩张器等功效较高的破拆器材进行破拆；④冲撞法，使用推土机、铲车等机械进行破拆的方法；⑤爆破法，使用炸药和爆破器材进行破拆的方法。

4. 火场排烟

火场排烟是消防人员在火场上，为增加火场能见度，减少高温毒气的危害，有效控制火势蔓延，提高救人、灭火效率而进行的排除高温烟气的战斗行动。在灭火救援过程中，火场排烟应针对现场情况的不同，根据烟气流动规律，结合现有装备，采取不同的排烟方法。排烟方法主要有：自然排烟、人工排烟、机械排烟等。

（1）自然排烟。自然排烟是利用火灾产生的烟雾气流的浮力和外部气象条件等作用，通过建（构）筑物的对外开口把烟气排至室外，或利用建（构）筑物本身的排烟竖井、排烟道（塔）或普通电梯间，从顶部排烟口或窗口将热气流和烟雾排除的排烟方式。其实质是热烟气和冷空气的对流运动。

在自然排烟中，烟气排出口可以是建（构）筑物的外窗，也可以是专门设置在侧墙上部的排烟口，部分高层建筑还采用专用的通风排烟竖井。排烟时应将上风方向的下窗开启，将下风方向的上窗开启，利用风力加快排烟速度。为了防止因排烟造成火势蔓延，在实施排烟时要提前在有着火危险的部位部署一定的力量加以防御，也可以预先清除可能造成蔓延的可燃物，或预先用水枪射流将可燃物浇湿，切实做好阻止火势蔓延的准备。

（2）人工排烟。人工排烟主要有破拆建筑结构排烟和喷雾水枪排烟等方法。

①破拆建筑结构排烟。在较为封闭的建筑内发生火灾时，大量烟气积聚在室内无法排除，消防人员可通过破拆部分建筑结构使烟雾排除。除可破拆建（构）筑的门、窗、外墙等部位进行排烟外，还可破拆平房或闷顶房的屋顶进行排烟。屋顶破拆时，为使燃烧范围相对集中，应尽量在着火点或接近着火点的上部屋顶开口，如果在偏离燃烧位置的其他部位开孔，有可能助长火势蔓延。为阻止火势蔓延，设在下风方位的水枪阵地可在阵地前部的屋顶开一排烟口，减弱浓烟对作战人员的熏呛。

②喷雾水流排烟。雾状射流喷射面大,在向火场推进时引入的新鲜空气多,形成的空气对流对烟雾有顶推作用。同时,雾状射流水雾颗粒小、吸热量大、汽化程度高,冷却降温效果好,有利于掩护消防人员进行救人和灭火。依据水枪数量的组合方式,可将喷雾射流排烟分为单支喷雾水枪排烟和多支喷雾水枪组合排烟两种。在利用喷雾水枪排烟时,要注意控制喷射压力和水流喷射角度。火势大时,要设置一定数量的直流水枪以防止火势扩大,以达到排烟、灭火同步进行的目的。

(3)机械排烟。机械排烟是利用固定排烟设备或移动排烟装备,把着火建(构)筑物内的烟气通过排烟口排到室外的排烟方式,对高层、地下建筑火灾,尤其是地下建筑火灾,使用机械排烟是比较有效的方法之一。

5. 减少水渍

减少水渍,是指在灭火时,减少因用水过量和水枪射流不当导致物资和建(构)筑物遭受不应有的损失的行动。

(1)水渍的危害主要有以下方面:

①使物资失去原有经济价值。扑救堆垛、仓库、实验室、图书档案馆、陈列馆和工厂、商场等火灾时,因灭火水流浸泡了纸张、毛皮、药品、食品、精密仪器、电子计算机以及贵重工艺美术品、国家文物等忌水的物资,从而使这些物资成为废品或次品,失去原有的使用价值和经济价值。

②损坏建(构)筑物。消防水枪、水炮喷射出的密集射流有一定的冲击力,强大的冲击力会损坏建筑的墙壁或壁画、抹灰层等;水流也会渗漏到建筑结构内,增大建(构)筑物的单位荷载,甚至造成建(构)筑物某一部位或全部倒塌。

③使火灾扑救失利。灭火救援战斗中,采用了错误的灭火方法,选错了灭火剂或防排水措施不力等原因,会使遇水燃烧物质爆炸、起火或释放出有毒气体;会提高储罐内的易(可)燃液体的液位或使其流淌,扩大燃烧面积;会导致重质油品沸溢、喷溅;会使船舶倾斜,甚至翻沉,从而给灭火救援战斗增加困难,甚至导致火灾扑救失利。

(2)减少水渍损失的原则。灭火人员在扑救火灾的战斗中,要做到"不见明火不射水",这是减少水渍损失的基本原则,但有两种情况必须注意:遇到忌水的易燃、易爆物品时,即使见到明火也严禁射水;遇到忌水的珍贵文物、工艺美术品和重要的图书、档案资料等时，即使见到明火，也不能轻易射水。

（3）减少水渍损失的方法，主要包括以下内容：

①接近燃烧区射水。灭火救援战斗中，水枪手应尽量接近燃烧区，看准火点，将水枪射流直接喷射到燃烧物体的火焰根部，使水流发挥最佳效果，迅速有效地扑灭火灾，严禁盲目射水。

②准确使用灭火剂。灭火人员要根据火灾扑救对象，准确地选择使用灭火剂，达到最大限度地减少水渍损失的目的。用水和泡沫均可扑救的火灾，为了减少水渍损失，应使用泡沫扑救，利用泡沫的覆盖作用可大大减少灭火用水量；扑救实验室、计算机房、图书档案馆、博物馆等初期阶段的火灾，应使用 CO_2 或干粉等灭火剂扑救。

③因时、因地使用射流。灭火救援战斗中减少水渍损失的根本措施是尽可能减少灭火用水量，灭火人员在使用水枪、水炮时，必须根据火情，因时、因地采用不同的射流。扑救物资堆垛火灾时，应使用开花或雾状水流，这样既可减少灭火用水量，又能增强灭火效果，减少损失；在古建筑、高级宾馆、展览馆等建筑物内灭火，应尽可能使用雾状或开花水流，减少水流冲击对建筑物内装修和内部物品的浸渍和损坏。

④注意疏散和遮盖。在灭火的同时，要组织人员迅速将忌水物品疏散到安全地带，不能疏散的物品，要用篷布、塑料布等进行遮盖保护。

⑤阻挡水流和破拆排水。阻挡水流进入忌水房间和物资仓库，适时破拆建筑构件，是减少水渍损失的重要措施。具体方法有：在扑救宾馆、科研单位、洁净车间等建筑物内部火灾时，可用被褥、毯子、泥沙袋等物堵在走廊、房间门口、电梯井口、梯道口、地下室口等处的地板上，阻挡水流四处流淌；室内积水过多，对建筑结构有影响时，可选择建（构）筑物的有利部位进行凿孔打眼或临时设置水槽，排放积水，消除危险，也可使用机动泵、排吸器等直接排水。

⑥防止水带、分水器漏水。扑救建（构）筑物内部火灾，应使用密封性能好的分水器和耐高压有衬里的水带，战斗员要随时准备包扎水带破漏处；分水器最好放置在楼梯口、阳台、走廊等部位，不要放在室内或靠近忌水物资的地方，这样既便于控制分水器，又可防止漏水。

6. 火场供水

火场供水是指消防人员利用消防车、泵和其他供水器材，将水输送到火场，供灭火救援战斗人员出水灭火的战斗行动。

（1）供水原则。火场供水是一项技术性较强的任务。为保证灭火救援战斗的需要，火场供水应遵循原则包括：①就近占用水源，到达火场供水灭火的战斗车，为保证迅速及时地供水灭火，应占据距离火场较近的消防水源，以达到迅速供水灭火的目的；②确保重点，兼顾一般，火场供水必须着眼于火场主要方面，应集中主要的供水力量，保证火场主攻方向的水量和水压，有效地控制火势，消灭火灾，在重点阵地供水得到可靠保证后，对火场其他方面的用水，应根据火场的供水力量，科学合理地组织供水，兼顾到一般阵地的火场用水；③力争快速不间断，首批出动供水力量到达火场，对扑救初期火灾保持有绝对优势时，应以最快的速度组织供应扑救初期火灾的用水量，做到战术上的速战速决。

（2）火场供水方法，主要包括以下方式：

①直接供水，是指火场供水战斗车（泵）直接停靠水源取水或利用车载水直接铺设水带干线出水枪灭火。当水源与火场之间的距离在消防车（泵）供水能力范围内时，消防车（泵）应就近停靠并使用水源吸水，铺设水带直接出水枪灭火；当到场消防车总载水量足以扑灭初期火灾时，消防车可靠近燃烧区，消防人员铺设水带直接出水枪灭火。

②串联供水，是当水源与火场之间的距离超出消防车（泵）供水能力范围时采用的一种供水方法。串联供水一般分为接力供水和耦合供水。接力供水可利用若干辆消防车分别间隔一段距离，停放在供水线路上，由后车向前车依次连接水带，通过水泵加压将水输送到前车水罐（没有水罐的消防车，将水带与集水器连接到前车的进水口上），供前车出水枪灭火，要求供水干线应尽量使用大口径水带；耦合供水，当火灾现场高度或距离超过普通水罐消防车（通常指低压泵消防车）、泵的供水高度或供水距离时，可利用若干辆消防车或消防车与手抬机动泵进行耦合供水，提高前车泵压，将水供到高处或远处。

③运水供水，是利用若干辆消防水罐车、洒水车或运输液体的槽（罐）车等，从水源处加水运送到前方的主战消防车供出水灭火。该方法主要用于

下列情况：火场附近没有消火栓或其他可以使用的水源，消防车需要到较远的地方去加水；火场燃烧面积较大，灭火用水量较多，火灾现场附近水源供应不足；消防队配备有大容量水罐消防车，火场周围道路交通、水源情况便于运水；火灾现场环境复杂，不便于远距离铺设水带供水。

④排吸器引水与移动泵供水。消防车距水源 8m 以外且无法靠近，或超过消防车吸水深度，水温超过 60℃影响真空度时，可使用排吸器与消防车、移动消防泵联合取水，向前方供水。消防车距水源 8m 以外且无法靠近，或超过消防车吸水深度以及水源较浅消防车难以进行吸水的情况下，可利用浮艇泵吸水。手抬机动泵吸水供水。消防车距水源 8m 以外且无法靠近，或超过消防车吸水深度，可利用手抬机动泵（简称手抬泵）为消防车供水。

7. 火场警戒

（1）火场警戒的类型。火场警戒的类型是由警戒的范围和管制的内容决定的。不同性质的火灾事故，其火场警戒的范围和管制的内容也各不相同。

①维持秩序类警戒。当发生重大火灾、重大灾害事故或严重的交通事故时，火场警戒的主要目的是禁止无关人员和车辆进入灭火救援的工作范围，并对警戒区域内实施交通管制，维持火场秩序，保证火灾扑救和应急救援工作顺利进行。

②防爆炸类警戒。当发生液化石油气、甲烷、乙烯等易燃气体或汽油、酒精等易燃液体的泄漏时，火场警戒的主要目的是防止发生爆炸燃烧事故。警戒范围内必须同时禁绝一切着火源。同时，进行交通管制，出入警戒区的人员禁止穿着化纤面料的服装和带有铁钉的鞋子等。

③防中毒类警戒。当发生不燃的有毒气体泄漏时，其现场警戒的目的主要是防止人员中毒。要及时划定警戒范围，进入警戒区的人员必须按要求做好安全防护。

④防毒防爆类警戒。当发生可燃的有毒气体泄漏时，其火场警戒的目的是既要防止人员中毒，又要防止发生爆炸燃烧事故。警戒范围内应同时禁绝一切着火源，管制交通，控制一切无关人员进入，进入警戒区的人员必须做好安全防护。

（2）火场警戒的范围。火场警戒的范围，是根据火灾事故特点和消防队开展灭火救援工作所需要的行动空间和安全要求来确定的。阻止无关人员随意进入危害区，保证灭火救援通道和灭火剂供应线路的安全，为参战力量提供足够的活动空间，是火场警戒的基本目的。所以，确定火场警戒范围十分重要。

①根据直接危害范围确定。火灾事故的直接危害范围是指火灾蔓延的途径范围、火灾烟气的侵袭范围、爆炸冲击波直接波及的范围，以及危险化学品泄漏扩散的范围等。它是确定火场警戒区域的重要依据。

②根据间接危害范围确定。火灾扑灭后有可能造成空气、水源和地面污染，或使市政、生活等设施遭到破坏而影响人们的正常工作和生活的重特大火灾事故现场，火场指挥员要对事故的严重程度、可能发生的严重后果和可能波及的范围提前做出预测，确定间接危害区域的警戒范围。

③根据侦检监测结果确定。如果火灾现场发生有毒物质泄漏，火场警戒的范围应根据有毒物质的性质、风向风力和侦检结果来确定。从有毒中心区向外按照检测结果确定污染区。

④根据处置需要的空间确定。火灾事故的处置工作具有综合性特点，如切断毒源、扑灭火灾、抢救人员、排险抢修、治安维持等，处置行动涉及消防、公安、医疗、交通、环保等许多单位和部门。因此，在确定火场警戒范围时，要留有足够的工作空间，保证所有参战力量能够顺利开展灭火救援行动。

8. 火灾扑救

火灾扑救是指消防战斗人员使用消防器材装备将灭火剂喷射到燃烧物体上，或采取其他方法破坏燃烧条件，终止燃烧的过程。扑救火灾受许多因素制约，灭火人员要进行有效的灭火，应做好以下方面工作：

（1）正确使用灭火剂。目前，我国公安消防部队装备的灭火剂种类较多，使用时应根据不同的燃烧对象、燃烧物质的性质、不同的燃烧状况以及风力、风向等因素，正确选择灭火剂，并保证供给强度。同时，要避免因盲目使用灭火剂造成适得其反的结果或更大的损失。

（2）掌握灭火方法。掌握恰当的灭火方法，可以在灭火、冷却、掩护等灭火救援行动中充分发挥灭火剂的作用。

①灭火。主要通过喷射水、泡沫、干粉等灭火剂进行灭火。

②冷却。通常用水流对燃烧物体冷却，为充分发挥水流的冷却作用，应

将水流喷射到燃烧物体上；被冷却的物体面积较大时，水枪应左右平行摆动，使水流均匀地散布，避免需要冷却的部位出现空白点。

③掩护。火场辐射热强烈时，可用雾状水流掩护灭火人员进攻和疏散群众。特殊情况下，可采用数支水枪依次交替掩护。

（3）选择好灭火阵地。选择灭火阵地只有坚持一定的原则和恰当的方法才能发挥灭火阵地的最佳效能。

选择灭火阵地应遵循原则包括：①便于观察，消防人员在喷射灭火剂的过程中，应能观察到火情变化，找准喷射目标；②便于喷射灭火剂，充分发挥喷射器具的技术性能，使喷射出的射流能够准确地击中火点；③灭火作战阵地的设置，应便于消防人员利用火灾现场的地形、地物及建（构）筑物内的承重结构，接近燃烧区域，而且便于进攻、转移和撤退。

（五）战斗结束

1. 检查和移交火场

灭火救援战斗结束后，火场指挥员应组织消防人员对火场进行全面细致的检查。在确认没有人员被困，没有复燃、复爆可能的情况下，向当地公安机关或受灾单位移交现场。

（1）检查火场。火灾扑灭后，火场指挥员应率领各战斗班长对火场进行全面细致的检查，消除残火，排除隐患，防止复燃。

①建（构）筑物火灾。检查建（构）筑物的过火部位和构件，如闷顶、空心墙、地板、通风管道、保温层、电梯井等，翻扒被压埋在瓦砾灰烬中的可燃物质，尤其是棉被、木质家具等，看是否有余火和阴燃，发现后及时扑灭。

②堆场火灾。过火的物资要逐垛逐件（包、箱、捆、袋）地翻扒，用水浇灭内部的阴燃后将其搬运至安全处，由受灾单位继续观察看守。

③液（气）体储罐火灾。用侦察检测器材（可燃气体测爆仪、测温仪等）检测火已扑灭的着火液（气）储罐的泄漏部位是否仍有泄漏气体和周围空间的气体浓度，如易燃液体、气体浓度仍达到爆炸浓度极限或接近爆炸浓度极限，应继续堵漏或用雾状水流稀释驱散。检测相邻罐的罐壁温度，直到确认储罐内的温度不会导致复燃为止。

④石油化工装置火灾。对燃烧区内的釜、塔、管、线和容器等设备进行检查，看是否仍有跑、冒、滴、漏现象，以便及时采取相应的处置措施。

⑤大风天火灾。应检查火场下（侧）风方向有无被热辐射或飞火引燃的可燃物质、建（构）筑物等，检查距离应根据风力等级视情况延长。

消防人员对于火灾现场检查中发现的安全隐患，应采取相应的处置措施，如切断电源、关闭气源等。

（2）移交现场。检查火场结束后，火场指挥员应向公安机关或受灾单位负责人移交现场，并交代有关要求和注意事项：①指定专人对火场进行限定时间的监护，以免发生复燃现象；②妥善保管消防人员从火灾现场抢救和疏散出来的物资，确保受灾单位和个人的财产得到保护；③在采取有效措施前，禁止恢复供电、供气，限制无关人员进入火灾现场，进入现场需要必要防护等；④对火灾现场进行保护，以免火灾现场遭到人为破坏，影响火灾原因调查和责任认定。

2. 清点和归队

灭火救援战斗结束后，各级指挥员要及时做好清点消防人员，部署整理器材的工作，组织消防车辆、人员安全归队。

（1）清点人员和装备。在战斗结束后，火场最高指挥员应下达清点人员和装备的命令。参战人员要准确、迅速地完成清点和归放工作。各消防中队和战斗班没有接到命令前不得自行收拾器材，擅自返回。

（2）归队。在清点完人员和装备并移交现场后，执勤队长应率领消防车辆、人员归队。归队有集中归队、分批归队两种形式。归队时应注意：①归队前的检查。执勤队长和各班长要检查人员是否全部登车、随车器材放置是否牢固，器材箱门是否关闭等情况；②归队时的行车队形，消防车通常应按出动队形原路返回，途中应保持与消防作战指挥中心和其他出动车辆的通信联络畅通；③归队途中遇有火场时的情况处理。归队途中若遇有火场，应立即进行扑救，并报告消防作战指挥中心，若燃料油、灭火剂和水带等器材不足，应及时请求增援；④归队后应及时向消防作战指挥中心报告。

3. 恢复战备

归队后，执勤队长应立即组织消防人员按照各自的任务分工，检查保养消防车辆，补充油、水、电、气和灭火剂，清洗消防车（泵），维护保养器材，恢复执勤战备状态。执勤队长应根据人员和车辆状况，充实或调整执勤号员，并对执勤战备状态的恢复情况进行检查。

（1）维护保养车辆。灭火救援战斗归队后，消防车驾驶员应及时维护保养消防车辆，使消防车迅速恢复执勤状态；①打扫车身内部和外表，清除底盘泥污，检查轮胎表面和气压，消除胎纹中杂物；②检查有无漏油、漏气、漏水及漏电现象，并补充燃料、润滑油、冷却液、电解液；③检查轮毂、制动器、变速器、分动器和驱动桥是否正常，前后钢板弹簧、U形螺栓及车轮的紧固情况；④检查风扇叶的紧固情况和风扇皮带的松紧度；⑤检查火花塞、点火线圈、启动机、发电机、调节器及蓄电池导线连接情况，电解液的消耗情况；⑥检查转向机构拉杆和接头连接情况；⑦检查各电路、开关、灯光等能否正常工作。

消防车驾驶员完成车辆恢复执勤状态的工作后，应及时向执勤队长报告。

（2）补充灭火剂。补充灭火剂的工作，由战斗班长组织战斗员和驾驶员共同完成。①现场补充，灭火救援战斗结束后，如火灾现场有市政消火栓，水罐消防车应就地将水罐加满；②途中补充，火灾现场没有水源，消防车可在返回途中选择水源加水；③归队补充，归队后利用站内消火栓为水罐消防车加水，其消防车应根据需要补充相应的灭火剂，消防中队有储存的，应及时补充，没有储存的，消防车可到储备点补充，或由保障部门运送补充。

灭火剂补充完毕后，战斗班长要向执勤队长报告。

（3）保养和补充器材。灭火救援战斗结束后，消防人员应对使用过的器材进行检查保养，损坏的进行维修，无法修复的予以更换。

①保养器材装备。用自来水冲洗消防车水泵，放尽泵内余水，加注润滑油；清洗泡沫喷射系统；吹扫干粉喷射系统管路，排放余气；保养呼吸保护器具、防护服装；保养吸、输、射水器具；保养破拆器具；清洁消防水带；保养侦察检测、救生器材；保养通信器材，对电源进行充电等。

②补充器材装备。执勤人员对各自分管的器材进行检查保养后，战斗班长向执勤队长报告检查保养情况。执勤队长根据实际需要进行调整和补充器材，需要时应请求总（支）队后勤保障部门对器材进行必要的维修和补充。

（4）恢复战备的要求。消防人员应按照落实责任、明确任务、快速高效、及时报告的要求恢复战备。

①落实责任。各级指挥员对恢复执勤战备工作负有监督、检查、落实的责任。执勤中队的各类人员应根据装备档案的统一编号，按照定人、定物、定位、定时的要求，落实管理责任。

②明确任务。各级各类人员、后勤保障单位应明确恢复执勤战备工作的具体任务，并按各自的任务检查、维护、保养、补充灭火剂和器材。

③快速高效。消防人员在最短的时间内迅速恢复执勤战备状态是由灭火救援的突发性、不可预见性的特点所决定的。快速高效应体现在检查、维护、保养、补充的每个环节。消防总（支）队应建立切实可行的物资保障机制和物资保障储备中心（库），大（中）队应储备一定数量的常用易损器材，以保证执勤战备的快速恢复。

④及时报告。消防中（大、支）队恢复执勤战备工作完毕后，应及时向主管领导和消防指挥中心报告。

二、火灾灭火救援战斗要素

所谓灭火救援战斗要素，就是构成灭火救援战斗必不可少的因素。这些要素的相互联系、相互作用，决定着灭火救援战斗的成败。

灭火救援战斗要素主要包括：消防人员、消防技术装备、灭火战术。其中，消防人员是公安消防部队战斗力建设中最活跃、最基本、起决定作用的因素；消防技术装备是战斗力建设的物质基础；战术虽然不是直接战斗力，但战术思想和方法一旦被人们所掌握，就能转化为强大的战斗力，取得灭火救援战斗的胜利。他们之间相互依存、相互制约、相互影响，缺一不可。

（一）消防人员

灭火救援战斗的主体是消防人员。消防人员是经过一定的专业训练，能熟练运用消防技术装备，遂行灭火救援实践活动的人员。他们是灭火救援实践的主体，是消防部队战斗的第一要素，也是构成战斗要素中最活跃，最具有决定作用的要素。公安消防部队指战员整体素质的优劣决定灭火救援战斗的结果，而指战员整体素质又是由单个消防员素质构成的，只有每一个消防员素质提高了，才有公安消防部队整体素质的提高。消防员的素质主要由政治素质、业务素质、文化素质、身体(体能)素质及心理素质等构成。

1. 政治素质

公安消防部队政治工作是中国共产党在消防部队中的思想和组织工作，是构成消防部队战斗的重要因素，是实现党对消防部队绝对领导和消防部队履行职能的根本保证，是消防部队的生命线。

政治素质主要包括消防人员的人生观、政治思想觉悟和道德品质等，是作战主体(消防人员)要素的主导部分，是消防员遂行灭火救援任务的精神支柱和进行灭火救援的准则。在灭火救援行动中表现为高昂的战斗士气和勇敢精神。同时，政治素质还直接影响其他战斗要素。

要提高消防人员的政治素质：首先，就要树立正确的人生观；其次，平时要加强政治学习，在灭火救援战斗过程中要加强政治动员。

2. 业务素质

业务素质是指消防人员为完成灭火救援任务所必须掌握的消防知识、技能的综合水平，是消防人员遂行灭火救援任务必不可少的一项基本素质。其主要包括防火理论与技能、灭火理论与技能等方面的内容。

防火方面的内容主要包括：国家和行业有关法规及其技术标准；消防燃烧学；化学危险品知识；防火安全监督管理方法；固定灭火设施(系统)；火灾事故原因调查等。

灭火救援方面的内容主要包括：国家和地方灭火救援法规及标准；灭火救援技术装备；火场供水；灭火救援战斗指挥；执勤战斗预案；灭火救援战术；灭火救援战术训练等。

除上述内容外，消防业务素质还包括熟悉消防保卫目标对象。因为保卫目标对象的消防情况(如内、外消防设施)和环境条件(如消防通道和四周毗邻情况、目标内人员安全意识强弱等)，常常影响、制约着作战任务的顺利完成，左右着作战指挥运作的成败。好的消防救援环境条件(如水源充足、消防通道畅通、人员安全意识强等)对部队战斗力的能动发挥起着积极的促进作用，差的消防环境则起到消极阻碍作用。

3. 文化素质

文化素质是指消防人员从事灭火救援工作必须具备的科学文化和基本技术知识的总和。文化素质是消防人员履行各项职责的基础与前提。

文化基础课目，主要包括政治、哲学、写作、数学、物理、化学、力学等基础学科的相关内容和技能。

技术基础课目，主要包括建筑技术、化工技术、机械设备技术、计算机技术和管理科学技术等。其中，建筑技术主要训练内容为建（构）筑物的分类、功用和构造，建筑材料特性，建筑结构特点，建筑图绘制技术等；化工技术训练内容为化工物料特性，化工工艺流程等；机械设备技术训练内容为常用机械设备结构和工作原理，主要性能参数等；计算机技术训练内容为计算机硬件基础知识，常用办公软件操作知识，计算机绘图技术和计算机编程知识等；管理科学技术训练内容为管理科学的基本原理和方法等。

4. 身体（体能）素质

消防人员的身体（体能）素质是消防人员参加灭火救援行动必须具备的基础部分，是战斗力构成的重要物质因素，是其他素质的物质基础。身体（体能）素质直接影响和制约其他素质。平时要加强体能方面的训练，以提高消防人员在速度、力量、灵敏、耐力、柔韧性等方面的身体素质。

5. 心理素质

心理素质是指人在不同境遇中在思维、感情、情绪上所表现出来的性格特点。作为灭火救援行动的指挥人员，必须具有沉着、坚定、果断和坚强的心理素质。灭火救援人员只有沉着，才能在灭火救援的指挥决策中做出正确的判断和处置；只有坚定，才能在灭火救援中克服一切困难，齐心协力实现既定的目标；只有果断，才能根据灭火救援的客观情况当机立断，适时做出正确的决定；只有坚强，才能克服灭火救援过程中的不确定性，最终取得灭火救援的胜利。公安消防部队在平时的训练过程中，可以采用多种办法来提高指战员的心理素质，如经过烟热训练可以使指战员适应烟热的环境，克服浓烟、高温带来的恐惧。

（二）消防技术装备

消防技术装备是指用于火灾扑救和抢险救援任务的器材装备以及灭火剂的总称。它是一个国家或一个地区消防实力的重要体现，也是公安消防部队战斗力的基本要素之一。消防装备是灭火救援的物质基础，直接制约或影响着灭火救援时采用的战术方式以及施行战术的结果；同时，消防技术装备的先进程度，也是体现一个国家或地区经济实力和科技实力的重要标志。消防技术装备被许多专家称之为消防员的第二生命，可见消防技术装备在灭火救援中的作用日益突出。消防技术装备主要包括：消防员个人保护器具、救助器具、灭火器具和设备、灭火剂等。

消防水源是为灭火救援行动提供充足灭火剂的主要灭火设施，消防水源条件的优劣，直接影响灭火救援行动中控制和消灭火灾的效果。作为灭火救援的可靠水源，必须具备两个基本条件：一是消防水源必须有足够的水量；二是必须具有可靠的取水设施。消防水源主要包括：消火栓、消防水池以及可为消防救援行动提供足够水量的江河、湖泊、水渠、水井等。

公安消防部队在平时应该注重消防技术装备的维护和保养。通过训练，消防部队指战员应能够熟练使用消防技术装备。在水源建设方面，要在熟悉水源的基础上，及时督促政府部门做好消防水源的建设工作。

（三）灭火战术

灭火战术也是公安消防部队战斗力不可缺少的要素之一，它虽然不是直接战斗力，但先进的作战思想和原则一旦被人们所掌握，就能转化为强大的战斗力。因此，对灭火救援的作战思想和原则的学习领会也不可忽视，主要包括：灭火救援战斗指导思想、灭火救援战斗原则和灭火救援战斗基本方法。

人与装备的有机结合必须依靠灭火救援作战思想和原则，在灭火作战过程中只有通过灭火战术才能发挥出救援人员和装备的最大效能。因此，为了在火场中能够发挥人与装备的最大效能，在平时应该加强战术方面的训练、演练。

第二节　火灾灭火救援战斗原则与指挥

一、火灾灭火救援战斗原则

灭火救援战斗原则，是公安消防部队在灭火救援战斗中必须遵循的准则。它是对灭火救援战斗提出的基本要求，是规范公安消防部队灭火救援战斗的行为准则，是灭火战术的具体反映和运用。公安消防部队执行灭火与应急救援任务，应当坚持"救人第一，科学施救"的指导思想，在灭火救援战斗中按照"先控制、后消灭，集中兵力，准确迅速，攻防并举、固移结合"的作战原则，果断灵活地运用堵截、突破、夹攻、合击、分割、围歼、排烟、破拆、封堵、监护、撤离等战术方法，科学有序地开展火灾扑救行动。

（一）灭火救援战斗原则的属性

灭火救援战斗原则有其独特的本质属性，正确认识这些属性对于深入理解原则、正确运用原则是不可缺少的。灭火救援战斗原则具有以下属性：

1. 实践性

灭火救援战斗原则的实践性包括两个方面的含义：一是灭火救援战斗原则来源于灭火救援战斗实践，并用于指导灭火救援战斗实践；二是灭火救援战斗原则只有在灭火救援战斗实践中，才能得以检验和发展。

灭火救援战斗原则源于灭火救援战斗实践。

首先，灭火救援战斗原则是灭火救援战斗实践的需要。灭火救援战斗实践表明，决定灭火救援战斗成败的因素，除了力量等客观条件对比上的差异外，最根本的原因在于灭火救援战斗的指挥思想和原则，以及组织和实施灭火救援战斗的方法正确与否。灭火救援战斗实践在客观上要求人们趋利避害，要取得胜利必须自觉地透过灭火救援战斗实践的一般现象，去认识灭火救援战斗规律，能动地提出科学地用于指导灭火救援战斗的原则。

其次，实践经验是灭火救援战斗原则的理论源泉。从灭火救援战斗原则的产生和表现形式上讲，它具有主观性，是人的主观意志的体现。但是，从本质上讲，灭火救援战斗原则又具有客观性，它不仅反映了指导灭火救援战斗的客观要求，而且是人们通过研究大量灭火救援战斗实践经验，总结、归纳所得出的系统理论。因此，只有以灭火救援战斗实践作为中介，尤其是当正反两个方面的灭火救援战斗经验积累得十分丰富后，经过加工和理论升华，才能使灭火救援战斗原则符合灭火救援战斗实际，主观行为才有可能与客观要求相统一。

最后，灭火救援战斗原则是人们认识灭火救援战斗规律的归宿。灭火救援战斗是一种特殊的社会现象，有自身矛盾运动的特殊规律，反映灭火救援战斗规律的一般灭火救援战斗原则，是人们长期探索、认识灭火救援战斗规律，并加以深刻提示和总结的结果。否则，就无法真正创立符合灭火救援战斗规律的灭火战术指导原则，不能用于指导灭火救援战斗实践。

灭火救援战斗原则用于指导灭火救援战斗实践是人们总结灭火救援战斗原则的根本目的，是其生命力所在。人们研究灭火救援战斗实践，归纳、总结灭火救援战斗原则，只是完成了对灭火救援战斗原则的初步认识，是否正确，还必须再回到实践中去。因为不是自然界和人类去适应原则，而是原则只有在其适应于自然界和历史的情况下才是正确的。换言之，灭火救援战斗原则虽然可以用于"阐述"和"解释"以往发生过的灭火救援战斗，但是其主要功能或者说根本功能，是指导未来灭火救援战斗。

灭火救援战斗原则为人们在灭火救援战斗实践中思考问题、指导灭火救援战斗行动指明了方向，人们在原则支配下，有相对的行动自由，只要不违背原则的基本精神，就有可能到达胜利的彼岸。

灭火救援战斗原则在灭火救援战斗实践中得以检验和发展。灭火救援战斗原则具有客观性是对的，但是，灭火救援战斗原则毕竟是人们一种主观意志的行为。由于受对客观事物认识能力和认识程度的限制，人们所总结的灭火救援战斗原则是否符合客观实际，还必须再回到灭火救援战斗实践中加以检验。通过实践的检验，不但可以发现灭火救援战斗原则中那些不合理的部分，并加以修正，而且可以发现真理，发展和完善灭火救援战斗原则。

2.时代性

灭火救援战斗原则的时代性，是指灭火救援战斗原则具有时代特点，是对一定历史时期内灭火救援战斗实践的客观反映，随着灭火救援战斗实践的变化，灭火救援战斗原则也必须填充新的内容或者注入新的思想。

一方面，灭火救援战斗随着时代的演进、条件的变化不断发展变化，这种发展变化是渐进的，所以，在一定时期内，灭火救援战斗运动规律又是稳定的、相对静止的。正是因为灭火救援战斗规律具有相对静止的特性，才使得研究和总结灭火救援战斗原则具有实际意义。

另一方面，灭火救援战斗随着时代的不同、条件的变化，发展是绝对的，有时甚至是质的飞跃。因此，反映灭火救援战斗规律的灭火救援战斗原则必须随着时代的进步而发展。

3. 继承性

灭火救援战斗原则的继承性，是指灭火救援战斗原则是在不断批判和继承前人的研究成果的基础上得以发展的，不同国家、不同时期的灭火救援战斗原则虽然有所不同，但相互之间有着千丝万缕的联系。

灭火救援战斗原则有些是依据当时、当地的具体情况提出的，只适用特定的时间和地区；有些则是长期经验的总结，是人类社会发展中形成的共同财富，普遍适用于不同的社会发展阶段。换言之，一定时期的灭火救援战斗原则是在总结和发展前人的研究成果中形成的。这是军事科学发展的普遍规律，也是灭火救援战斗原则发展的规律。

灭火救援战斗原则是以以往灭火救援战斗经验为基础的。一方面，灭火救援战斗经验是建立在一定的灭火救援战斗实践基础之上的，反映了当时的灭火救援战斗规律；另一方面，灭火救援战斗经验是前人在一定的观点指导下，按照一定的需求，继承和发展起来的，既有直接经验的升华，也有间接经验的借鉴。凡是以往的灭火救援战斗经验，无论是自己的还是他人的，或者是古今中外的，只要适应于当时的灭火救援战斗需要，都往往被吸取和继承。

4. 系统性

灭火救援战斗原则的系统性，是指灭火救援战斗原则知识体系内的各条原则，既相对独立，有特定的含义，从不同侧面反映灭火救援战斗的规律；又不是孤立的，相互之间有着内在的、不可分割的联系，以其整体内涵从较高层次上反映灭火救援战斗规律，形成指导灭火救援战斗的系统理论。

(二) 灭火救援战斗原则的内容

公安消防部队承担着灭火与应急救援任务，应当坚持"救人第一、科学施救"的指导思想，按照"第一时间调集足够警力和有效装备，第一时间到场展开，第一时间实施救人，第一时间进行排烟降毒，第一时间控制灾情发展，最大限度地减少损失和危害"的要求，组织实施灭火与应急救援行动。灭火救援战斗原则也必须符合指导思想的要求。

1. 先控制，后消灭

"先控制，后消灭"是指消防力量到场后，先把主要力量部署在火场的主要方面，对发展的火势实施有效控制，防止蔓延扩大，为迅速消灭火灾创造有利条件；在控制火势的同时，集中兵力向火源展开全面进攻，逐一或全面彻底消灭火灾。"先控制，后消灭"的战术原则，是行之有效的，是指导扑救已经猛烈发展或有迅速蔓延趋势火灾的战术原则。

从火灾发生过程看，"先控制，后消灭"是根据火灾发展规律提出来的。火灾发生后，随着火势的发展，燃烧物有时是易燃易爆危险品或气体，蔓延速度会越来越快。因此，灭火战术必须要先注重于控制火势的发展蔓延，当遏制住火灾扩大势头后，才能迅速彻底消灭火灾。

从灭火指导的实践看，"先控制，后消灭"是根据灭火救援战斗规律提出来的。对于发展迅速的火灾，当首批出动力量到达火场时，火灾往往正处于发展阶段，甚至猛烈燃烧阶段，火势相对于最先到场的灭火力量来说，一般在整体上前者强于后者。因此，先期到场的消防力量必须集中力量于火场的主要方面，阻止火势的进一步蔓延扩大，将其限制在一定的燃烧范围之内，积极等待增援力量。只有这样，才能为消灭火灾创造有利条件。

"先控制，后消灭"包含着控制与消灭、被动与主动的辩证关系。"先控制，后消灭"的战斗原则，在灭火救援战斗的实际应用过程中，二者是紧密相连的，不能截然分开。先控制是扑灭火灾减少损失的有效手段，后消灭是前者的继续和发展，是在控制过程中消灭火灾。后消灭不能理解为消极地等待控制之后，再组织进攻消灭火灾，因为消灭火灾是灭火救援战斗的最终目的，然而，彻底扑灭火灾的行动往往是自控制住火势后开始的，直到最终彻底消灭火灾。

对于不同的火灾对象而言，控制的方法和消灭的时机是不同的。例如，建筑火灾的控制火势是以控制建筑内的高温烟气流动为主，控制其流动的方向、降低其温度，以达到控制火势蔓延的目的，这就要求在具体实施时要选择好恰当的阵地与喷射的水流，从而提高控制的效率；石油化工火灾的控制则是以冷却为主的，所以充分利用固定设施进行冷却，找出火场的主要方面，提高冷却的效率，才能为最后消灭火灾打好基础。

总之，"先控制，后消灭"在实战中要灵活运用，以提高灭火救援的效率为最终目的。

2.集中兵力，准确迅速

(1)集中兵力。集中兵力是指在灭火救援战斗中把灭火所需兵力集中调派到火场，并部署在火场的主要方面，使兵力与火势对比形成相对的优势，保证火场上有足够的兵力来控制火势，消灭火灾。集中兵力有两层含意，即集中调集兵力和集中使用兵力。

集中调集兵力就是火灾发生后，必须及时调派足够的兵力赶到火场，才可能迅速控制火势，扑灭火灾。然而，"集中兵力"不单单是要及时调派兵力于火场，而且是集中调派。火灾发展很快，一般建筑火灾由初起发展到猛烈仅需 10 ~ 15min，而石油化工火灾发展得更快，甚至初起阶段都不明显，很快就过渡到猛烈阶段。因此，调派兵力必须及时而且集中，才能在较短的时间内形成足够的兵力于火场，若是分散调派，就可能出现兵力零散到达火场，很长时间难以形成足够的一次性扑灭火灾的兵力，从而贻误战机，导致火势进一步蔓延扩大。

集中使用兵力，即在兵力集中调派于火场后，必须集中使用。对于发展蔓延起来的火灾，或是大面积火场，首批集中到场的兵力总是有限的。从总体上看，首批力量与整个火场的火势相比，一般显不出绝对的优势，往往还是劣势。但是，把这些兵力用于火场某个局部，就可能在兵力对比上形成相对的优势。因此，对集中调派于火场的兵力还要坚持集中使用的原则。否则，火场上可能仍然达不到形成局部优势力量的态势。

集中兵力，首先，集中调派兵力于火场，再根据火场的实际需要，适时地调集和投入增援兵力，为取得灭火救援战斗的主动权，提供必要的兵力；其次，集中使用兵力于火场的主要方面，即在战术部署上把兵力集中部署在关系到灭火全局的火场主要方面。只有当二者有效地结合起来，才能为成功灭火提供必要的人力与物力保证。

(2)准确迅速。准确迅速就是以最快的速度，在最短的时间内采取战术行动，实现灭火救援的目的。

在城市火灾中，普通建筑火灾居多。以普通建筑火灾为例，它的发生发展过程有非常明显的阶段性，一般要经过初起、发展、猛烈、衰弱和熄灭五个阶段。火灾发生的前 5 ~ 7min 为初起阶段，此时燃烧基本限于着火房间内，火势还未向相邻房间蔓延，火场温度也不高。这是灭火的最有利时机。此后，火灾进入发展阶段，一般能持续 8 ~ 15min，火灾开始向相邻房间发展蔓延。消防队如果在这一阶段赶到现场，且力量适宜和措施得当，还可以控制住火势，保护住周围的建筑。这是消防队扑救普通建筑火灾的最后一个有利时机。如果失去这一机会，火灾便将进入猛烈阶段，即燃烧面积最大、火焰势头最猛、火场温度最高的阶段。这一阶段通常点在着火后的 15 ~ 25min，这时的火虽然也要奋力扑救，但将火灭掉后，损失也已基本造成。着火 25min 后，随着可燃物的减少，火势开始进入衰弱和熄灭阶段，这时的灭火行动基本上是扫残火。

从上述过程中可以看出，扑救普通建筑火灾的有利时机是火灾的初起阶段或发展阶段，灭火行动时间要求高，必须反应及时、行动迅速，才能争取到灭火的最佳战机。

根据我国 15min 消防的规定，消防队应力争把火势控制在着火后的 15min 左右。15min 消防包括发现起火 4min、电话报警 2.5min、接警出动 1min、途中行驶 4min、战斗展开 3.5min。一般情况下，城市消防队到达火场时，面对的是已经燃烧了 15min 左右的火势。为将火势控制在燃烧猛烈前的发展阶段，公安消防部队要做到接警准、出动快、选择最佳行车路线，迅速展开灭火救援战斗。

灭火行动要求准确和安全无误，只有准确才能保证灭火救援战斗顺利正确地进行。对高层建筑火灾、石油化工火灾、地下建筑火灾等复杂火场，火情准确、灭火行动安全无误尤其重要。

迅速就是以公安消防部队的快速作战行动去应对火灾的快速发展蔓延，以期达到在短时间内控制或消灭火灾。为此，要求所有的战斗行动环节都要体现一个"快"字，即接警要快，并且还要准确无误；出动要快，要求全体参战人员接到出动命令后，能以熟练技术动作登车，确保在最短时间内紧急出动；到场要快，选择最佳行驶路线，熟练驾驶车辆，确保迅速安全到达火场；到场后，火情侦察判断情况要快；指挥员指挥决策要快；灭火救援战斗展开、占领阵地、向火点进攻要快。总之，一切战斗行动都要力求快，目的是不失时机地消灭火灾，把火灾消灭在初起阶段，以期达到火灾损失最小的目的。

火灾迅速发展蔓延决定了灭火救援战斗行动必须迅速。但是，灭火救援战斗行动一味要求快，可能欲速而不达。在灭火救援战斗中，准确与迅速是互相依赖的，准确是迅速的前提，迅速是准确的基本要求。灭火行动务必准，准了才能快；若强求准确，一味放慢速度，则灭火行动将失去意义。此外，每一个战斗行动不但要求快，还要求稳妥，不出差错。例如，在灭火途中，除了正确选择行驶路线外，在快速行驶时，也要注意安全，避免事故发生，才能保证快与准，达到高效率。

3.攻防并举、固移结合

（1）攻防并举。攻防并举是指进攻和防御同时进行，进攻和防御相结合。在灭火救援中，不能只一味强调进攻，防御同样重要。这里的"防御"包括以下两个方面的含义：

第一，在部署进攻的同时，必须加强消防人员的个人防护。有效防护是为了更好地进攻，防护不力则意味着伤亡。同时，在确定进攻阵地时，还要考虑进攻阵地的安全性。结合选择灭火阵地必须便于进攻、便于观察、便于转移和撤退的原则，在作战中一定要考虑突发情况时的安全问题，特别是防止出现爆炸、中毒、倒塌等险情，做到有备无患。

第二，在灭火进攻中，要防止火势蔓延扩大。这就要求在消灭火灾的同时做好对火势蔓延的防御，做到控制与消灭相互补充，最终达到消灭火灾的目的。

所以，在灭火救援战斗中，要科学确定主攻阵地和防御阵地，合理部署力量，才能做到攻防并举，增强灭火救援战斗的效率。

（2）固移结合。固移结合是指在灭火救援战斗中把移动灭火装备和固定灭火系统结合使用，力求发挥最大的灭火效益的战术原则。

固移结合战术原则的实质，是充分利用灭火救援现场的一切有利资源，并把这些资源有效地结合起来，以达到较高的战斗效率。灭火救援现场除消防队自身的装备外，最有效的可利用资源即为固定灭火与防火设施，充分利用这些固定设施，不仅能节约战斗时间，还能发挥出移动装备所不能及的作用。例如，高层建筑中的内部消火栓系统、固定水喷淋系统、固定防排烟系统、防火门等，如果能有效利用，对于控制火势、疏散救人、防烟排烟等战术行动都是很好的助力，扑救石油库和化工装置等火灾也同样能极大地提高冷却与灭火效率。

二、火灾灭火救援指挥活动

灭火救援指挥是公安消防部队指挥者（包括指挥员或指挥机关）为达成一定的作战目的，对所属部队进行的特殊的组织领导活动。其根本任务是定下决心和实现决心，其根本目的是将部队潜在战斗力转化为现实战斗力。

（一）灭火救援指挥活动的内涵

灭火救援指挥的内涵，主要从以下三个方面来体现：

（1）灭火救援指挥是有目的的特殊组织领导活动。灭火救援指挥是灭火救援行动中一种特殊的领导活动，其目的在于发挥参战部队的最大效能，尽快消除火灾和其他灾害，将灾害所造成的人员伤亡和财产损失降到最低限度。从公安消防部队的体制、组织指挥方式和行动特点来看，灭火救援行动具有明显的军事性质，但灭火救援战斗行动的对象与军队作战的对象完全不同。灭火救援指挥是在特定的背景条件、特殊的环境下，并在特定的时限内进行的，具有鲜明的特点和规律。因此，灭火救援指挥既要受到军队指挥一般规律的制约，同时又有其自身的特殊规律和原则。

（2）灭火救援指挥的主体，由指挥员和指挥机关共同构成。公安消防部队是我国灭火和应急救援的主要力量。消防指挥活动不是指挥员的个人活动，而是由指挥员和指挥机关共同进行的群体活动。这是由公安消防部队人员、装备、通信手段以及面对的火灾对象而决定的。消防指挥还有一个明显区别于军队的特点就是，在大型火灾灭火救援中需要成立指挥部，最高指挥员一般是地方政府官员，同时还吸收有关部门领导和行业专家参加。

（3）灭火救援指挥的客体，由所属公安消防部队和其他参与行动的队伍构成。灭火救援指挥的客体是所属部队，即由所属部队的指挥者和指挥对象共同构成。与军队指挥所不同的是，参加灭火救援的队伍构成比较复杂。在灭火救援行动中，在需要时会有多种成分的救援队伍参与，除公安消防部队外，企业专职消防队、武警部队、民警、医疗救护单位、化工专业抢险队伍、水电气抢修队等都可能参与，这些救援队伍都是灭火救援指挥的客体，都接受指挥者的指挥。

（二）灭火救援指挥活动的要素

灭火救援指挥的要素，是构成灭火救援指挥活动必要的、本质的成分，指挥者、指挥对象、指挥信息和指挥手段是实施指挥必不可少的条件，是构成指挥活动的主要因素。

1. 指挥者

指挥员和指挥机关统称为指挥者。指挥者是灭火救援指挥活动的主体，是公安消防部队灭火救援战斗行动的筹划决策、组织计划和协调控制者。

指挥者是灭火救援指挥活动的主体和核心，是灭火救援指挥活动的主体要素。

指挥员是掌握灭火救援指挥权力，负有灭火救援指挥责任的人员，是对灭火救援战斗行动进行决策和监督执行决策的核心力量。

指挥机关主要是指各级司令部机关，是消防部队的指挥中枢，是公安指挥员实施灭火救援指挥的参谋、决策机构。

2. 指挥对象

指挥对象是灭火救援指挥活动的客体，是指接受指挥者指挥的下级指挥员、指挥机关以及所属部队。相对于总队级指挥者而言，各支队指挥员及指挥机关、各支队参战官兵都是指挥对象。

灭火救援活动过程中，没有指挥者就没有了核心，就失去了组织和目标；没有指挥对象，指挥者就没有了作用的对象，也就失去了指挥的意义。指挥对象作为指挥信息的接受者、领会者以及执行者、实践者，其执行情况决定着能否最终实现指挥目的。因而，指挥者和指挥对象相互依存、相互作用，共同构成了灭火救援指挥活动的两个最基本的方面。

指挥对象作为指挥活动的客观要素，不是被动存在的。首先，指挥对象包括下级指挥者，当对自己的部属实施指挥时，则是指挥者，具有主动性；其次，指挥者与指挥对象之间并不是单向作用过程，而是一个不断交流的过程，指挥者每发出一个指令，都要根据指挥对象反馈回来的信息及时地调整作战方案，形成新的正确的指挥信息，然后再发出新的指令，从而形成不间断的指挥活动。

3. 指挥信息

指挥信息，指保障灭火救援指挥活动正常运作的各种信息。指挥信息主要包括以下三个方面的内容：

（1）供指挥者进行灭火救援指挥决策的各种情报信息。例如，火灾对象情况、火灾燃烧情况、作战环境情况、交通道路情况、水源情况和部队战斗力情况等，是指挥者定下正确灭火救援战斗决心的基本依据。

（2）体现指挥者决心意图的各种灭火救援战斗指令。例如，灭火救援战斗命令、指示、计划等指挥文书，是指挥对象规范自身行动的基本依据。

（3）反映灭火救援行动状况的各种反馈信息，是指挥者协调控制部队灭火救援行动的依据。指挥对象往往处于灭火救援的最前线，对火场发生的变化、指挥者的意图是否顺利实施、在实施过程中存在什么问题等情况最清楚，所以应该主动反馈信息。

在灭火救援指挥活动过程中，指挥信息与指挥手段一起构成了指挥者与指挥对象联系的纽带，成为灭火救援指挥活动的基本要素之一。

4. 指挥手段

指挥手段，指挥者在灭火救援指挥活动过程中运用各种指挥技术、器材进行灭火救援指挥的方式和方法。

在灭火救援指挥活动过程中，指挥者与指挥对象之间存在着一种法定的指挥关系，指挥者有指挥的权力，指挥对象有执行的义务。指挥手段作为指挥者与指挥对象联系的中间媒介，是构成灭火救援指挥活动必不可少的内部要素之一。

指挥手段实质上包括两个方面的含义：一是指挥工具，即各种指挥技术器材，指挥工具是构成灭火救援指挥手段的物质基础，是灭火救援指挥得以顺利实施的必要前提；二是运用指挥工具的方法，就是指挥者运用指挥技术达到指挥目的的方法和措施，指挥工具构成了指挥者与指挥对象之间联系的物质基础，但这种物质基础并不是能动地发挥作用的，而是一种被动的作用，也就是说指挥工具效能的发挥还取决于对其运用的方法。指挥手段对指挥工具的发展具有促进作用，是指挥者的主观能动性在指挥手段上的体现，是指挥工具效能得以发挥的保证。

目前，我国灭火救援指挥中心的硬件建设普遍比较先进，有些公安消防总队的硬件设施甚至超过了发达国家的水平，就软件条件而言，总体水平有待进一步开发。

5. 指挥要素间的关系

任何事物都不是全部要素的简单叠加，而是其各要素有机联系的整体。灭火救援指挥要素之间的关系也是如此，指挥者、指挥信息、指挥手段、指挥对象也不是孤立存在的，它们之间相互联系、相互作用，共同构成灭火救援指挥活动的有机整体。

指挥者与指挥对象的关系。指挥者与指挥对象之间是主观见之于客观、指令与执行、作用与反作用的关系：一方面，指挥者的主观意志以指挥信息的形式，通过指挥手段而作用于指挥对象；另一方面，指挥对象对指挥者的指挥具有能动的反作用。但是，指挥对象的能动反作用也不能凌驾于指挥者的指挥之上，而必须在指挥者的指挥之下。

指挥信息与指挥手段的关系。指挥信息与指挥手段的关系是信息和信道的关系。它们共同构成了指挥者与灭火救援战斗环境和指挥对象相互联结的现实条件，即灭火救援指挥的媒介要素。因而，在灭火救援指挥活动中，指挥信息与指挥手段相互结合，与指挥者、指挥对象相互联系，体现了主体、媒介、客体、环境相互矛盾又相互统一的辩证关系。

指挥者与指挥信息、指挥手段的关系，反映了灭火救援指挥目的与条件的关系。灭火救援指挥从其实质来说就是定下灭火救援战斗决心和实现灭火救援战斗决心的活动，指挥者与指挥信息、指挥手段的相互影响、相互作用贯穿于灭火救援指挥活动的全过程，指挥者的主观能动性正体现于这个过程之中。

指挥信息、指挥手段与指挥对象的关系，反映了条件与结果的关系。灭火救援指挥活动的结果，最终要靠指挥对象来体现，指挥对象的活动结果体现着指挥目的的实现程度。指挥信息、指挥手段这些灭火救援指挥的物质条件必须与体现灭火救援战斗结果的指挥对象的实际状态相一致。

灭火救援指挥活动的四个基本要素，即指挥者、指挥信息、指挥手段和指挥对象之间是相互依存、相互制约的。高效益、高质量的灭火救援指挥同样是指挥者、指挥信息、指挥手段、指挥对象四个基本要素形成的统一整体共同作用的结果。

（三）灭火救援指挥活动的特点

灭火救援指挥作为一种特殊的领导活动，是在特定背景、特殊环境、特定时限内进行的。因此，具有强制性、时限性、风险性、复杂性、对抗性等特点。

1. 强制性

强制性是指在灭火救援指挥活动中，指挥者具有绝对的权威，对指挥对象的指挥是以命令、指示等强制性手段来进行的。灭火救援指挥的强制性，集中体现在指挥者与指挥对象之间主要是命令与服从的关系。这是现场的危险性和复杂性对灭火救援指挥的客观要求。

灭火救援指挥，是一个相对比较复杂的应急行动过程，现场中必须采取一些强制性措施进行有序化管理，而且灾害规模越大、持续时间越长，灭火救援行动就越需要采取更多的强制性措施。在为了全局利益而需要牺牲局部利益时，如果没有必要的强制措施，就根本无法保证整个灭火救援工作的顺利进行。

2. 时限性

时限性是指灭火救援指挥活动要在一定时限内完成，有着严格的时间限制。指挥所拥有的时间是有限的，尽管不同的灭火救援行动的指挥时间长短不同，但绝不是随意确定的，也不是指挥者的主观意志所能决定的，而是由灾害性质、灾害规模、参战力量及作战环境所决定的。指挥者必须在一定的时限内完成指挥活动，否则就会贻误战机丧失主动。随着科学技术和指挥理论的发展，指挥系统软硬件条件的不断改善与优化对缩短指挥时间、提高指挥效率创造了有利条件。

3. 风险性

灭火救援指挥的风险性主要体现在决策上，主要是由灾害的危险性和危害性、现场情况的复杂性、险情的突发性和不确定性所决定的。现场指挥员要正确地认识指挥过程的风险性。在灭火救援指挥的具体实践中，要正确地运用组织指挥的原则和方法，科学地规范灭火救援指挥活动，减少盲目性和随意性，增强自觉性和科学性，最大限度地降低灭火救援指挥的风险性。

4. 复杂性

一方面，灭火救援工作所涉及的对象非常广泛，既有自然灾害，也有人为灾害，而且发生灾害的环境千差万别；另一方面，参加灭火救援所涉及的社会救援力量较多，涉及的技术有时也非常复杂，所以灭火救援指挥是一个复杂的过程。指挥人员必须掌握不同情况下的救援技术，才能做出正确决策，实施科学指挥。

5. 对抗性

对抗性指灭火救援指挥活动是在人与自然的抗争中进行的。在灭火救援过程中，救援力量一方面要保护自己不受灾害的伤害，另一方面要竭尽全力消灭或控制灾害。很多情况下，灾害的破坏能量是巨大的，救援力量与灾害破坏能量相比，未必能够占优势，灾害始终有按自己规律发展的趋势，而救援力量则希望干预灾害的发展趋势，双方始终处于激烈的对抗中。

第三章　高层建筑的火灾救援与防控

高层建筑已成为城市化发展不可缺少的建筑类型。其建筑面积大、部分区域人员密集的特点，也成为发生大型火灾的隐患。因此，发生高层建筑火灾时如何迅速救援，并且如何采取有效的防控措施减少火灾的发生，避免人员伤亡和财产损失，已经成为亟待解决的关键问题。本章重点分析高层建筑火灾的救援工作、高层建筑外墙火灾的防控、高层建筑内部火灾的防控。

第一节　高层建筑火灾的救援工作

高层建筑主要有高层民用建筑和高层工业建筑两大类。我国的高层民用建筑是指 10 层及 10 层以上的居住建筑（包括首层设置商业服务网点的住宅），以及建筑高度超过 24m 的公共建筑（不包括单层主体建筑高度超过 24m 的体育馆、会堂、剧院等公共建筑，以及高层建筑中的人民防空地下室）；高层工业建筑是指建筑高度超过 24m 的 2 层及 2 层以上的厂房和库房。

扑救高层建筑火灾，必须充分利用固定消防设施，立体部署战斗力量，灵活运用战术，以取得灭火救援战斗行动的主动权。

一、组织火情侦察

及时、准确地获取火场信息是实施科学决策和开展灭火救援战斗行动的先决条件。

（一）查明火场情况

（1）查明着火楼层的位置、燃烧物品的性质、燃烧范围和火势蔓延的主要方向。

（2）查明是否有人员被困，被困人员的数量及位置。

（3）查明有无珍贵资料、贵重物品受到火势的威胁。

（4）查明单位员工进行疏散、灭火的初战情况。

（5）查明消防控制中心信息接收和指令操作情况。其内容主要包括：发出火灾信号和安全疏散指令情况；自动灭火系统、防排烟系统、通风空调系统动作情况；防火卷帘、电控防火门动作情况；非消防用电是否切断，消防电源、消防电梯运行是否正常；燃气管道阀门是否关闭；各类联动控制设备运行是否正常等。

（6）查明大楼消防给水系统运行是否正常。

（7）查明可供救人和灭火进攻的路线、数量和所在位置等。

（二）火情侦察方法

（1）通过外部观察冒烟窗口或喷出的火势情况，大致判断着火楼层的高度、位置及火灾所处的阶段。

（2）向知情人了解着火部位、燃烧物品的性质等情况，并询问大楼内部有无被困人员、珍贵资料和贵重物品及其所处的位置。

（3）利用消防控制中心监控设施了解大楼内部的烟雾流动和火势发展情况，大致判断燃烧范围和火势蔓延的主要方向。

（4）使用侦检仪器检测火场温度及有毒气体含量，并利用经纬仪监控大楼倾斜角度和倾斜速度。

（5）组成侦察小组深入火场内部，查明着火的具体部位、火势蔓延的主要方向、被困人员的数量及位置等情况。

（6）查阅灭火作战预案、检索电脑资料、调用单位建筑图纸，了解大楼的详细情况等。

上述方法在高层建筑火灾侦察中应综合使用。例如，外部观察的情况包括：①在行驶途中观察火场方向有无烟雾、火光，并从烟雾、火光的颜色和大小中判断火势情况；②在到达火灾现场时，应对建筑外部进行初步观察，以便快速判断火情，实施战斗展开；③针对有倒塌危险的建筑，使用经纬仪等仪器进行外部观测监控，以防其突然倒塌造成人员伤亡。火情侦察要贯穿于火灾扑救的始终，以便及时掌握火情的动态变化。

二、疏散救人行动

疏散救人是高层建筑灭火救援战斗行动的首要任务。"高层建筑由于人员众多，结构和功能相对复杂且疏散方式单一，一旦发生火灾、地震等灾害，极易造成群死群伤的恶性事件"。[①] 因此，消防人员到场后必须有序组织疏散救人行动，以最大限度地减少人员伤亡。

（一）安全疏散顺序

疏散受火势威胁人员的基本顺序是：着火层—着火层上层—着火层再上层和着火层下层—其他楼层。

（1）着火层。烟火首先在着火层蔓延发展，该层人员受到的威胁最大。因此，需要最先疏散，在疏散着火层人员时，应重点加强对着火房间及其邻近部位遇险人员的疏散。

（2）着火层上层。由于烟火极易向上蔓延，对着火层上层的人员也会形成很大的威胁。因此，着火层上层人员也需要及时疏散。如果火势威胁较大，着火层上层人员应与着火层人员同步疏散。

（3）着火层再上层和着火层下层。由于烟火向上发展蔓延速度快，加上烟气还会下沉，因此，在着火层再上层和着火层下层的人员也会受到一定程度的威胁。在疏散着火层和着火层上层人员后，应及时疏散这两个楼层的人员。

（4）其他楼层。在着火层、着火层上两层及着火层下层人员疏散完毕后，首先，疏散大楼顶部楼层人员，以防止高温烟气扩散到顶部楼层，并在顶部积聚，威胁这一楼层人员的安全；其次，再视情况疏散其他楼层的人员。如果到场力量无法控制火势，大楼内所有人员受到火势或倒塌威胁时，应及时对其他各楼层人员进行逐层疏散，直至全部撤离。

---

① 刘世松，马鸿雁，焦宇阳.高层建筑火灾情况下人员疏散研究 [J].消防科学与技术，2019，38(06)：794-798.

（二）疏散救人方法

（1）利用应急广播指导疏散。利用应急广播系统，稳定被困人员情绪，引导被困人员有秩序地疏散，这是争取疏散时间、提高疏散效率的最佳方法，还有助于防止被困人员产生惊慌、拥挤，甚至盲目跳楼逃生。利用应急广播指导疏散，要按安全疏散的基本顺序依次分批广播。若大楼内有不同国籍的人员，要使用不同的语言广播。同一内容，要重复广播。

（2）消防人员引导疏散。消防人员到场初步了解情况后，要立即组成疏散救人小组进入大楼内部，按安全疏散的基本顺序，及时引导有行动能力的人员通过楼梯、电梯等进行疏散。

（3）消防人员深入烟火区域搜寻。对受烟火威胁，难以引导疏散的遇险人员，消防人员要深入火场内部进行搜寻，全力予以救助。消防力量不足或情况紧急时，可先把遇险人员救助至着火层以下的相对安全区域，再行疏散。

（4）利用举高消防车救人。当着火大楼外墙窗口或阳台等处有目标明显的被困人员，或向下疏散通道被烟火严重封锁时，应使用相应高度的举高消防车实施疏散救人。

（5）利用消防直升机救人。如果着火建筑顶部设有直升机停机坪或有条件停靠直升机的，可将部分被困人员疏散至屋顶，等待直升机的进一步救援，但疏散至屋顶人员不应过多，因为直升机的救援速度和能力有限。烟雾较大或火势猛烈，威胁直升机安全时，不能采用此方法。

（6）利用擦窗工作机救人。如果大楼设有擦窗工作机，可用来对窗口处的被困人员实施救助，但需注意方法，确保安全，一次救助的人数不能超过其荷载。

（7）利用缓降器、救人软梯、安全绳等救人。在内部救人通道被烟火严重封锁的情况下，消防人员可利用缓降器、救人软梯、安全绳等，将被困人员从建筑外墙救至地面或相对安全的楼层。

（8）利用救生气垫救人。设置救生气垫，可以救助较低楼层的被困人员，或缓解一定高度跳楼人员的伤害程度。

三、控制火势蔓延

高层建筑火灾，由于火势发展蔓延迅速，如不及时控制，必将造成重大人员伤亡和财产损失。因此，有效控制火势蔓延，是扑救高层建筑火灾的重要任务。采取有效措施控制火势蔓延，应针对以下不同的阶段采取不同的措施：

第一，火灾初起时：一是当燃烧范围局限于某一房间内部时，应直接进攻火点，扑灭火灾；二是阻止烟火从门、窗、简易分隔墙处窜入其他房间、走廊和沿外墙向上层蔓延；三是阻止火势通过管道、竖向管井向邻近房间、走廊和上层蔓延。

第二，火灾在同一楼层内燃烧时：当一个楼层内大面积燃烧、火势处于发展阶段时，要重点采取堵截和设防措施。一是水平方向堵截。高层建筑每一楼层一般都设有防火分区，每一防火分区的面积为 $1000 \sim 1500m^2$（设有自动灭火系统的，其防火分区最大允许面积可增加一倍），由防火墙、防火门、防火卷帘进行分隔。火灾时应在防火分区两端部署力量，进行堵截，力争将火势控制在一个防火分区的范围内。二是垂直方向堵截。高层建筑的竖向管道井一般分段（通常以 $2 \sim 3$ 层为一段）采取了防火封堵措施。火灾时，除了要在电梯、楼梯及喷火的外窗等处设防外，还应在竖向管道井分隔段上下两端部署力量，进行堵截，力争将火势限制在这一范围内。

第三，火灾在多层同时燃烧时：一是内攻力量应自上而下部署，特别在着火层上部应加强堵截力量，重点阻止火势继续向上发展；二是外攻力量应利用举高消防车向喷出火焰的窗口、阳台射水，从外部阻止火势向上部蔓延；三是在着火层下部部署一定的防御力量，防止燃烧掉落物引燃下层或高温烟气向下层蔓延扩散。

四、组织火场排烟

高温烟气是妨碍灭火救援战斗行动和导致人员伤亡的重要因素。因此，必须有效组织火场排烟。

第一，利用固定排烟设施排烟。关闭防烟楼梯、封闭楼梯间各层的疏散门；开启建筑物内的排烟机和正压送风机，排除烟雾，并防止烟雾进入疏散通道。

第二，利用自然通风排烟。打开下风或侧风方向靠外墙的门窗，进行通风排烟；当烟气进入袋形走道时，可打开走道顶端的窗或门进行排烟，如果走道顶端没有窗或门，可打开靠近顶端房间内的门、窗进行通风排烟；打开共享空间可开启的天窗或高侧窗进行通风排烟。

第三，利用移动消防装备排烟。现有移动消防排烟装备有排烟车和各类排烟机等。火场还可以采取一些灭火、排烟兼备的手段，如喷射喷雾水流、高倍数泡沫等。考虑到高层建筑的特殊性和这些设备及手段的局限性，比较适合于高层建筑火灾排烟的方法主要有利用喷雾水流驱烟和使用排烟机排烟两种。

五、行动要求及注意事项

高层建筑高度高、层数多，发生火灾时，火情复杂多变。因此，扑救中要严格遵守战斗行动要求。

(一)精心实施火情侦察

(1)迅速查清大楼的消防通道、消防控制中心、消防泵房、外部消防水源的位置及市政管网的流量、室内消火栓分布情况等。

(2)及时查清大楼内可用于疏散人员和进攻的楼梯、电梯及通道情况，尤其是剪刀式楼梯、分段式楼梯的情况，防止火灾时登错楼层。

(3)查明大楼外墙的可开启部位，能垂直铺设水带的部位，建筑内竖向管井的分布位置和封堵情况。

(4)查明该大楼消防供水的减压方式，水泵接合器所对应的系统和区域。

(5)火势很大或燃烧时间较长，建筑有倒塌破坏的可能时，要在外围多个方向设置经纬仪进行监控，以防建筑突然倒塌造成人员重大伤亡。

(6)采用铝塑板或铝塑板内充填保温材料做外墙装修，以及其他一些比较特殊的高层建筑，火势有向下蔓延的可能，要随时注意观察，及早发现。

(二)有序组织疏散救人

(1)优先考虑使用消防电梯和疏散楼梯疏散救人，以确保安全。

（2）分轻重缓急，按高层建筑安全疏散的基本顺序，有序发出火警通知和进行疏散指导，避免发生拥挤。

（3）利用举高消防车、消防直升机或擦窗工作机救助人员时，要先做好遇险人员的情绪稳定工作，有效控制局面，坚持老弱病残优先的原则，防止出现混乱。

（4）注意对充烟房间及充烟区域的彻底搜索，防止这些区域因未过火而被忽视，造成被困人员遗漏而未被救助。

（三）加强火场行动安全

（1）参与灭火救援战斗的所有消防人员都必须采取充分的个人防护措施。

（2）消防车停靠不能离高层建筑外墙太近，不要停在燃烧部位的正下方，防止高空坠落物伤人毁车。火势很大或燃烧时间较长，建筑有倒塌危险时，车辆停靠必须与着火建筑保持一定的安全距离。

（3）携带器材登高要尽量一步到位，避免来回奔波。

（4）沿玻璃幕墙外侧行动时，要保持一定的安全距离，避开玻璃爆裂碎片可能坠落的范围，以防受伤；必须靠近玻璃幕墙行动时，应紧贴墙脚。

（5）选择救援路径时，要尽可能避开疏散人流，防止产生相互干扰。

（6）打开着火房间的门窗时，要缓慢开启，人立于一侧，并向室内喷水进行冷却，防止发生轰燃伤人。

（四）正确运用供水技术

（1）高层供水应在地面设置停泵时泄压用的二道分水器，以防止水锤作用损坏消防车泵。

（2）垂直铺设水带时，水带的连接部位必须捆绑结实，楼内水带固定部位要牢固可靠，防止水带因重力作用而拉断固定物，导致供水中断。

（3）垂直铺设水带时，进入楼内的拐角处要用质地柔软的物品衬垫，防止磨损。

（4）楼外沿地面铺设的水带，尤其是处在玻璃幕墙下部时，最好用竹片（篾）、木板等物品遮盖，以防高处玻璃爆裂碎片掉落刺破水带，造成供水中断。

（5）利用水泵接合器供水时，供水压力估算要充分考虑大楼的减压方式。

（6）利用底层室内消火栓向上供水，只适用于采用减压孔板减压的室内消火栓和采用分区给水的低区。

（7）消防车停止供水时，应先开启二道分水器泄压，再缓慢地逐步降低消防车泵压。

第二节　高层建筑外墙火灾的防控

一、高层建筑幕墙系统火灾防控

建筑幕墙是由支承结构系统与幕墙面板组成的，可以相对于主体建筑结构有一定位移能力或自身具有一定的变形能力，且不承担主体结构所受作用的建筑外围护结构，具有很强的外部装饰效果。随着经济的发展和人民生活水平的不断提高，以及建筑师设计理念的不断更新，人们开始要求建筑除了具有基本的居住、使用功能外，还要具有美观、舒适、低碳、节能环保等特性。幕墙系统由于其独特的建筑美学装饰效果，以及能够减轻建筑自身重量、缩短建设周期、提高经济效益等特点，被广泛应用于高层建筑及超高层建筑工程中。

然而，随着近年来城市化进程的不断加速，各大中心城市的高层建筑越来越多，并且出现了很多具有大体量裙房的城市综合体和超高层商住楼，而由于城市可用的建筑用地有限，这些高层、超高层建筑只有继续向上发展，高层建筑的密度也就越来越大；这些建筑的外部幕墙系统，由于其结构及材料的防火、耐火性差，大大增加了高层建筑的火灾危险性。因此，高层建筑幕墙系统的防火，特别是幕墙—保温系统的防火是当前急需解决的问题。

（一）幕墙系统火灾特征

高层建筑幕墙系统火灾除了具有高层建筑所具有的火灾特性之外，还具有自身的一些特点。

1. 火焰、烟气传播途径多，烟囱效应明显

部分建筑采用可燃的普通铝塑板作为幕墙板，材料本身在火灾中会成为传递火灾的介质，由于幕墙是将整个建筑包裹起来，上下楼层之间及同一楼层水平方向上都连续分布着幕墙板，那么幕墙材料的燃烧就容易破坏上下楼层之间作为独立防火分区，或者同一楼层内部划分的防火分区的作用。由于建筑墙体和幕墙面板之间通常有一定的空腔，火灾中火焰和烟气会沿着这一空腔迅速向上传播，形成明显的烟囱效应。

"多数高层外墙火灾是由外保温材料及装饰材料着火后蔓延生成的"。[①]具有幕墙结构的建筑，由于节能保温的要求，建筑都要求进行保温处理，在幕墙和建筑墙体之间还会有一层保温材料，以前建成的高层建筑，往往还采用了易燃、可燃的有机保温材料，并且很多工程在保温材料表面没有施加玻璃纤维网格布和抹灰层的保护，导致易燃可燃保温材料暴露于墙体和幕墙板之间的空隙中，一旦发生火灾，由于烟囱效应加上保温材料燃烧时产生大量的热，会促使火焰迅速向上层蔓延，往往还未等消防救援队伍到达，火灾就已经达到了建筑顶部。

2. 疏散、灭火救援难度大

对于面板采用不燃材料的幕墙系统，如采用玻璃、石材作为幕墙面板材料，由于支承结构体系不耐火，如型钢表面温度达到300℃以后，其强度和弹性模量均显著降低，当温度升高到钢材的临界温度值时（承重钢构件失去承载能力的温度，通常为540℃），其屈服应力仅为常温下屈服应力值的40%左右，铝合金型材的耐火性更差，在250～330℃时，即失去承载能力，在火灾中往往会由于支撑面板的铝合金框架或型钢框架受火变形，导致玻璃、石材幕墙面板大面积垮落，严重影响疏散通道出口的安全，同时也威胁到建筑下方消防灭火人员的安全。且玻璃幕墙火灾中"冷桥"现象突出，尽管在玻璃幕墙结构设计中考虑了"冷桥"问题，采用塑胶材料进行了处理，但是承受的温度变化范围有限（-40～50℃），火灾中辐射温度会超出这一范围，导致结构膨胀过大，造成玻璃脱落，并且这类脆性幕墙面板材料在高温中也容易发生炸裂脱落。

[①] 张连民.高层建筑外墙火灾扑救设施的选用[J].消防技术与产品信息，2011（09）：16-18.

对于采用铝单板和铝塑板作为幕墙面板的体系，普通铝塑板中的塑料芯材是可燃材料，在火灾中易燃烧并导致幕墙面板垮落，很多防火铝塑板为 C 级材料，C 级材料虽然是难燃材料，但是在大火中还是会发生燃烧，贡献烟气和热量；而铝单板及其合金面板，由于材料熔点低，在火灾中极易熔化变形并垮塌，这类炙热或者带火垮落的幕墙面板对疏散及消防灭火人员都造成了极大的威胁，使得疏散、灭火救援难度加大。此外，在火灾初期，由于玻璃幕墙等的阻挡，消防人员很难从外部向楼内射水灭火。

(二) 高层建筑幕墙系统的火灾防控措施

(1) 材料防火。与幕墙有关的材料主要有支承框架材料 (型钢、铝合金型材等)、面板材料 (玻璃、石材、铝单板、铝塑板等)、密封胶、结构胶、泡沫棒等。对于人员密集、防火等级要求高的公共建筑，支承材料应优选钢材，并对钢材进行防火处理，常见的方法是使用钢结构防火料进行防火保护。对于要求采光效果好，使用玻璃面板的幕墙体系，在有条件的情况下优选单片防火玻璃作为面板或者用单片防火玻璃作为隔离带进行防火分区。铝塑板由于质轻、韧性好等特性还是具有广泛的应用前景，但是应杜绝使用普通铝塑板，而统一采用防火铝塑板，优选 A 级防火铝塑板，其中的塑料芯材建议使用无机阻燃剂进行阻燃改性。

(2) 构造防火。严格按照相关幕墙规范进行防火封堵处理，并在幕墙与建筑墙体之间的空腔内设置防火分隔。设计、施工时要保证防火封堵材料的质量。对于已经建成投入使用的高层建筑，考虑到全部拆除幕墙—保温系统改造的造价高、难度大的问题，若要提高这类建筑的防火性能，可从窗户的改造入手，建议窗框用钢质材料，玻璃采用单片防火玻璃，以防止外墙火焰通过窗户蔓延到室内。

(3) 自动灭火设施。若幕墙系统中有可燃材料，或含有机保温材料，可借鉴室内自动喷淋系统，在每层楼板处或者窗户四周设置水喷淋系统及烟气、温度探测系统，并能够联动。

(4) 疏散出口保护。在疏散通道的户外出口上方设置挑檐等防护设施，其挑出宽度和材质强度应足够阻挡上方掉落的幕墙面板。

二、建筑外墙广告装饰牌防火安全设计

随着经济社会的发展，各社会成员都十分注重自主品牌和自我形象的宣传，户外广告业由此应运而生并得到迅速发展，在各式各样的广告牌贴满建筑物外墙的同时，也给建筑物带来极大的隐患。一旦建筑物发生火灾，烟火极有可能沿建筑外墙广告牌迅速蔓延，并造成灭火救援、人员逃生的困难。

（一）广告牌的设置与管理

目前国内户外广告的设计形式多种多样，对于墙体广告牌设置按悬挂（镶嵌）方式通常有以下三种类型：

（1）设计时在墙体上预留广告位置，根据商业需要设置相应内容的广告牌。这类广告牌大部分是贴墙制作，广告牌背后为实体墙，广告牌不遮挡窗户，但易造成火场浓烟积聚，高温高热。

（2）设计时未预留广告牌位置，只是按墙面大小设置广告牌，而广告牌有的紧贴墙体、有的相距墙体 20cm 左右。此类广告牌容易遮挡窗户、孔洞，火灾时会阻挡或延缓烟、热的排放和消防扑救及被困人员的逃生。

（3）广告牌的设置距离建筑外墙体较远，这类广告牌火灾时虽不阻挡烟、热散发，但容易造成火势蔓延扩大，妨碍消防水枪（炮）对火势的堵截。

许多建筑使用方在进行户外广告设置或外墙装饰时，只考虑广告的宣传和外墙装饰效果，没有从消防安全的角度去考虑广告牌的设置位置、大小、材质等问题。

户外墙体广告牌通常审批有三个环节：一是规划部门实地勘查审批；二是工商部门对内容进行审核；三是城管部门对是否与周围环境协调，是否影响人员、车辆通行以及采光通风等进行全面审查。但这三个环节在审批内容和过程中，均不涉及消防安全问题，从而产生了广告牌"隐患"，这给火灾时灭火救援造成极大的危害，也成为火灾迅速扩散的帮凶。

（二）建筑外墙广告装饰牌防火安全设计措施

（1）从广告牌的类型考虑，有电致式和非电致式广告牌，电致式广告牌

有自身发热甚至发生火灾的可能，而许多外保温墙体没有采用不燃材料制作，具有潜在的火灾隐患。因此要求户外电致式广告牌不应设置在外保温墙体上。

（2）建筑的外墙窗口是消防灭火救援、被困人员逃生的途径之一，不能被障碍物遮挡，因此要求：①在建筑外墙有窗口的部位（含避难层、间）不应设置广告牌或装饰板；②户外广告牌的设置不应影响消防队员灭火救援行动。

（3）为避免火灾严重影响建筑内的烟气排放及可能形成的烟囱效应，对广告牌及装饰墙板的设置位置和使用材料予以规定：①户外广告牌宜紧贴无窗口、无孔洞实体外墙制作，且宜采用不燃烧材料；②户外广告牌或装饰墙板不应设置在可能形成烟火迅速扩散蔓延，造成火灾扩大的位置；③单纯从救援角度考虑，户外广告除框架外，宜采用软质易熔的材料制成。

以上建议，有利于消防扑救火灾时对广告牌及装饰外墙板的破拆；有利于火灾烟气的排放，营救被困人员；有利于防止火灾的迅速蔓延等。

（4）窗槛墙达到1.2m或挑檐达到0.8m，可以阻止火灾竖向蔓延；当采用挑檐和窗槛墙组合设置的情况下，0.2m窗槛墙加0.6m挑檐能够阻止火灾竖向蔓延。

第三节　高层建筑内部火灾的防控

为防止高层建筑火灾的迅速蔓延，为高层建筑火灾时人员的及时疏散创造有利条件，做好高层建筑内部火灾的防控是我们面临的重大课题。而高层建筑内部的火灾防控主要在于建筑内部防火分区的合理划分，各种功能空间、区域的分隔，以及采取的分隔措施的可靠性和控制火灾蔓延的有效性。同时，如果能够在高层建筑的公共场所中尽量采用阻燃制品，可有效地减少高层建筑内的着火危险性及火灾荷载，降低火灾风险。

一、高层建筑内部平面布置

高层建筑内部平面布置设计是高层建筑防火设计很重要的一个环节。高层民用建筑内往往具备许多不同用途的功能房间和场所，尤其是综合性建筑更是如此。一方面，这些不同功能的房间和场所在不同程度上能满足使用者的需求；另一方面，这些不同功能的房间和场所也具有不同的火灾危险性。由于在高层建筑内不同楼层、不同平面位置的人员疏散要求不一样，这些不同功能的房间和场所发生火灾时给人员安全疏散可能带来不同程度的危险。当这些不同功能的房间和场所相互间的火灾危险性差别较大时，疏散设施需要尽量分开设置，如商业经营与居住部分。通过建筑内平面的合理布置，可以将火灾危险性大的空间相对集中并方便地划分为不同的防火分区，或将这样的空间布置在对建筑结构或人员疏散影响较小的部位等，以尽量降低火灾的危害。因此，在设计和使用时要结合规范的防火要求、建筑的功能需要和建筑创意等因素，充分考虑它们的特点和安全性，将其科学、合理、安全地布置在高层建筑内部的不同位置，既满足使用的需要，又达到安全的要求。

(一) 平面布置的一般要求

高层民用建筑的平面布置需要考虑其使用功能和人员安全疏散等要求，对于不同使用性质及功能的建筑，由于火灾危险性相差较大，这类建筑不宜组合建造。

(1) 高层民用建筑不应与甲、乙、丙、丁、戊类厂房 (仓库) 组合建造或贴邻建造。由于甲、乙、丙、丁、戊类厂房 (仓库) 火灾危险性相对较大，组合建造或贴邻建造对高层民用建筑具有很大的火灾安全威胁。与高层建筑使用功能无关的库房，不应布置在高层民用建筑内。商店、展览、宾馆、办公等建筑中的自用物品暂存库房、商品临时周转库房、档案室和资料室等库房可以酌情考虑。

(2) 存放和使用甲、乙类物品的商店、作坊和储藏间，严禁附设在民用建筑内。易燃、易爆物品在民用建筑中存放或销售，火灾或爆炸的后果较严重，对存放或销售这些物品的建筑的设置位置要严格控制，一般要采用独立的单层建筑。

(二) 特殊用房、场所的平面布置要求

对于同一性质的建筑，当在同一建筑物内设置两种或两种以上使用功能时，不同使用功能区之间需要进行防火分隔，以保证火灾不会相互蔓延。例如：住宅与商店的上下组合建造，幼儿园、托儿所与办公写字建筑或电影院、剧场与商业设施合建，以及各种供水、供电、供气等设备房间和设施合建。建筑及该建筑内不同使用功能区有关建筑的平面布局防火要求、防火分区、安全疏散、室内外消火栓系统、自动灭火系统、防排烟和火灾自动报警系统等设计要求，需根据相关规范和有关标准对不同使用功能的防火规定和防火分隔情况等综合考虑确定。

1. 商业用房

（1）地下商店。

①营业厅不宜设置在地下三层及三层以下。

②不应经营和储存火灾危险性为甲、乙类物品属性的商品。

③商店总建筑面积不宜大于 20000m²。

④当地下或半地下商店总建筑面积大于 20000m² 时，应采用无门、窗、洞口的防火墙、耐火极限不低于 2h 的楼板分隔为多个建筑面积不大于 20 000m² 的区域。

相邻区域确需局部水平或竖向连通时，应采用符合下列规定的下沉式广场等室外开敞空间、防火隔间、避难走道、防烟楼梯间等方式进行连通。

下沉式广场等室外开敞空间应能防止相邻区域的火灾蔓延和便于安全疏散，应满足：①同防火分区通向下沉式广场等室外开敞空间的开口最近边缘之间的水平距离不应小于 13m。室外开敞空间除用于人员疏散外不得用于其他商业或可能导致火灾蔓延的用途，其中用于疏散的净面积不应小于 169m²。②下沉式广场等室外开敞空间内应设置不少于 1 部直通地面的疏散楼梯。当连接下沉广场的防火分区需利用下沉广场进行疏散时，疏散楼梯的总净宽度不应小于任一防火分区通向室外开敞空间的设计疏散总净宽度。③确需设置防风雨篷时，防风雨篷不应完全封闭，四周开口部位应均匀布置，开口的面积不应小于室外开敞空间地面面积的 25%，开口高度不应小于 1m；开口设置百叶时，百叶的有效排烟面积可按百叶通风口面积的 60% 计算。

防火隔间的墙应为耐火极限不低于 3h 的防火隔墙；且应满足：①防火隔间的建筑面积不应小于 6m²；②防火隔间的门应采用甲级防火门，防火隔间的门在发生火灾时必须能够可靠地关闭；③不同防火分区通向防火隔间的门不应计入安全出口，门的最小间距不应小于4m；④防火隔间内部装修材料的燃烧性能应为A级；⑤不应用于除人员通行外的其他用途。

避难走道应满足：①楼板的耐火极限不应低于1.5h；②走道直通地面的出口不应少于2个，并应设置在不同方向；当走道仅与一个防火分区相通且该防火分区至少有1个直通室外的安全出口时，可设置1个直通地面的出口；③走道的净宽度不应小于任一防火分区通向走道的设计疏散总净宽度；④走道内部装修材料的燃烧性能应为A级；⑤防火分区至避难走道入口处应设置防烟前室，前室的使用面积不应小于6m²，开向前室的门应采用甲级防火门，前室开向避难走道的门应采用乙级防火门；⑥走道内应设置消火栓、消防应急照明、应急广播和消防专线电话。

防烟楼梯间的门应采用甲级防火门。

(2) 商业服务网点。住宅底部(地上)设置小型商业服务网点时，该用房层数不应超过两层、建筑面积不超过300m²，采用耐火极限大于1.5h的楼板和耐火极限大于2h且不开门窗洞口的隔墙与住宅用房完全分隔。该用房、住宅的疏散楼梯和安全出口应分别独立设置。

商业服务网点中每个分隔单元之间应采用耐火极限不低于2h且无门、窗、洞口的防火隔墙相互分隔，每个分隔单元内的安全疏散距离不应大于袋形走道两侧或尽端的疏散门至安全出口的最大距离。

2. 住宅与其他使用功能合建的建筑

住宅建筑与其他使用功能的建筑合建时，应符合下列要求：

(1) 住宅部分与非住宅部分之间，应采用耐火极限不低于2.5h的不燃性楼板和无门、窗、洞口的防火墙完全分隔，住宅部分与非住宅部分相接处应设置宽度不小于1.2m的防火挑檐，或相接处上、下开口之间的墙体高度不应小于4m。

(2) 住宅部分与非住宅部分的安全出口和疏散楼梯应分别独立设置；为住宅部分服务的地下车库应设置独立的疏散楼梯或安全出口。

3. 老年人建筑及儿童活动场所

老年人建筑及托儿所、幼儿园的儿童用房和儿童游乐厅等儿童活动场所不应设置在高层建筑内，宜设置在独立的建筑内。当必须设置在高层建筑内时，应设置在建筑物的首层或二、三层，并应设置独立的安全出口和疏散楼梯。这些活动场所的吊顶应采用不燃材料；当采用难燃材料时，其耐火极限不应低于0.25h。

4. 观众厅、会议厅、多功能厅

高层建筑内的观众厅、会议厅、多功能厅等人员密集场所，宜布置在首层、二层或三层。必须布置在其他楼层时，应符合下列规定：

（1）一个厅、室的疏散门不应少于2个，且建筑面积不宜大于400m²。

（2）设置火灾自动报警系统和自动喷水灭火系统等自动灭火系统。

（3）幕布的燃烧性能不应低于B1级。

5. 剧场、电影院、礼堂场所

设置在其高层建筑内的剧场、电影院、礼堂场所，应满足下列要求：

（1）至少应设置1个独立的安全出口和疏散楼梯。

（2）应采用耐火极限不低于2h的防火隔墙和甲级防火门与其他区域分隔。

（3）一个厅、室的疏散门不应少于2个，且建筑面积不宜大于400m²。

（4）设置火灾自动报警系统和自动喷水灭火系统等自动灭火系统。

（5）幕布的燃烧性能不应低于B1级。

（6）设置在地下或半地下时，宜设置在地下一层，不应设置在地下三层及以下楼层，防火分区的最大允许建筑面积不应大于1000m²；当设置自动喷水灭火系统和火灾自动报警系统时，该面积不得增加。

二、防火分区及防火分隔

从建筑使用功能上考虑，使用者总是希望将建筑的内空间设计得通达四方，特别是具有商业功能的场所，希望视觉开阔，宽大通透，但通畅无阻的室内空间则为某一局部火灾蔓延发展为大规模的火灾创造了最有利的条件。为了防止这种现象的发生，就必须从设计上将一栋建筑中较大的面积有机地划分成若干个小的防火区域，这就是防火分区。对建筑特殊部位和房间进行防火分隔，其目的与防火分区是相同的。但是，防火分隔在划分的范围、分隔的对象、分隔的要求等方面与防火分区有所不同。

（一）防火分区的分类

防火分区，按照防止火灾向防火分区以外扩大蔓延的功能可分为两类：一类是竖向防火分区，是指用耐火性能较好的楼板及窗间墙（含窗下墙），在建筑物的垂直方向对每个楼层进行的防火分隔，用以防止多层或高层建筑物层与层之间竖向发生火灾蔓延；另一类是水平防火分区，是指用防火墙或防火门、防火卷帘等防火分隔物将各楼层在水平面上分隔成的若干防火区域，它可以阻止火灾在楼层的水平方向蔓延。

（二）防火分区的划分

从防火的角度看，防火分区划分得越小，越有利于保证建筑物的防火安全。但如果划分得过小，则势必会影响建筑物的使用功能，这样做显然是行不通的。防火分区面积大小的确定应根据建筑物的使用性质、重要性、火灾危险性、建筑物高度、消防扑救能力以及火灾蔓延的速度等因素来进行综合考虑。

一类建筑每个防火分区最大允许建筑面积为 $1000m^2$。

二类建筑每个防火分区最大允许建筑面积为 $1500m^2$。

地下室每个防火分区最大允许建筑面积为 $500m^2$。

在实际工程中防火分区的划分与分隔可根据实际情况进行适当的调整。

（1）防火分区应采用防火墙分隔。如确有困难时，可采用防火卷帘加冷却水幕或闭式喷水系统，或采用防火分隔水幕分隔。

（2）设有自动灭火系统的防火区，其允许最大建筑面积可按规定增加1倍；当局部设置自动灭火系统时，增加面积可按局部面积的1倍计算。

（3）高层建筑内的商业营业厅、展览厅等，当设有火灾自动报警系统和自动灭火系统，且采用不燃烧或难燃烧材料装修时，地上部分防火分区的允许最大建筑面积为 $4000m^2$；地下部分防火分区的允许最大建筑面积为 $2000m^2$。

（4）当高层建筑与其裙房之间设有防火墙等防火分隔设施时，其裙房的防火分区允许最大建筑面积不应大于 $2500m^2$，当设有自动喷水灭火系统时，防火分区允许最大建筑面积可增加1倍。

（5）高层建筑内设有上、下层相连通的走廊、敞开楼梯、自动扶梯、传送带等开口部位时，应按上下连通层作为一个防火分区，其允许最大建筑面积之和不应超过规定。当上下开口部位设有耐火极限大于 3h 的防火卷帘或水幕等分隔设施时，其面积可不叠加计算。

（6）高层建筑中庭防火分区面积应按上、下连通的面积叠加计算，当超过一个防火分区面积时，应符合以下规定：

①与中庭相通的过厅、通道等，应设乙级防火门或耐火极限大于 3h 的防火卷帘分隔。

②中庭每层回廊应设有自动喷水灭火系统。

③中庭每层回廊应设火灾自动报警系统。

（三）防火分隔单元

1. 中庭的防火分隔

中庭通常是指建筑内部的庭院空间，可以跨越多层空间，其最大的特点是形成具有位于建筑内部的"室外空间"，是建筑设计营造一种与外部空间既隔离又融合的特有形式，或者说是建筑内部环境分享外部自然环境的一种方式。"中庭"能使建筑的内部空间达到最大范围连接性，并形成整体的内部空间视觉效果以及大面积自然采光，其庄重美观、内部采光性能好、环境舒适，但同时也带来了一系列新的消防安全问题。

高层建筑中庭内部的空间十分高大，若采用防火卷帘加以分隔，需要使用大量的防火卷帘，造价高，而且发生火灾时，这些防火卷帘是否能全部迅速降落下来尚有疑问，为此必须认真研究中庭建筑防火技术措施的可靠性及可行性。

根据有关防火规范的规定，提出以下七点防火措施：

（1）中庭回廊的隔墙应采用耐火极限不低于 1h 的不燃烧体，并砌至梁、板底部。

（2）房间与中庭回廊相通的门、窗应设能自行关闭的乙级防火门、窗。

（3）与中庭相通的过厅、通道等应设乙级防火门或耐火极限大于 3h 的防火卷帘分隔。

（4）为了控制火势，中庭每层回廊应设自动喷水灭火系统，喷头间距应采用 2~2.8m。

（5）中庭每层回廊应设火灾自动报警系统。

（6）由于自然排烟受到自然条件及建筑物本身热压、密闭性等因素的影响，因此，只允许净空高度不超过 12m 的中庭可采用自然排烟，但可开启的天窗或高侧窗的面积不应小于该中庭地面面积的 5%，其他情况下应采用机械排烟设施。

（7）中庭的内装修材料应采用不燃材料，管道的保温材料等宜采用难燃或不燃材料。

对中庭采取上述措施后，中庭的防火分区面积可不按上、下层连通的面积叠加计算，这样容易满足防火分区的划分要求。

2. 自动扶梯开口的防火分隔

大型公共建筑内，常设有自动扶梯。由于自动扶梯体积庞大，而且往往成组设置且占地宽阔、开口大，火灾发生时易穿过此处蔓延扩大，因此，建筑内设有自动扶梯时，应按上、下层连通作为一个防火分区计算建筑面积。

目前，对自动扶梯进行防火分隔的方法如下：

（1）在自动扶梯上方四周安装喷水头，喷头间距为 2m 左右，并设挡烟垂壁。发生火灾时，喷头开启喷水，可以起到防火分隔作用，阻止火势竖向蔓延。

（2）在自动扶梯四周安装水幕喷头。目前我国已建成的一些安装自动扶梯的高层建筑采用这种方法较多。

（3）在自动扶梯四周设置防火卷帘；或在其两对面设防火卷帘，另外两对面设置固定防火墙。设防火卷帘的地方，宜在卷帘旁设一扇平开甲级防火门，以利于疏散。

另外，对于楼板上的洞口，还可以采用设水平防火卷帘或侧向防火卷帘的防火分隔方式。

3. 高层建筑特殊部位和房间的防火分隔

高层民用建筑的有些特殊部位和房间，如电梯井、电缆井、管道井、排烟道、排气道、垃圾道等竖向管道井，还有建筑的伸缩缝、沉降缝、抗震缝等各种变形缝，以及各种机房、设备间等，不能完全以建筑面积的大小来进行防火分区的划分，但对其进行防火分隔的目的与防火分区的划分目的是一致的，就是要把火灾控制在局部的范围或房间内。因此，应对这些部位和房间提出相应的设置要求。

（1）电梯井。电梯井是电梯轿厢上下运行的井道，是重要的垂直交通通道，每层都要开设电梯门洞，一旦烟火进入电梯井道，就会造成火灾迅速扩散。而且用于消防扑救的电梯，在发生火灾时还要保持正常运行的状态，这就要求电梯井道必须有严格的防火分隔措施。

电梯井应独立设置，且井内严禁铺设可燃气体和甲、乙、丙类液体管道，并不应铺设与电梯无关的电缆、电线等。电梯井井壁除开设电梯门洞和底部及顶部的通气孔洞外，不应开设其他洞口。电梯门不应采用栅栏门。

（2）电缆井、管道井。高层建筑内的电缆井、管道井等竖向管道井往往上下贯通距离较长，除了其他部位的烟火可能通过这些井道蔓延外，电缆井内的电缆本身就有可能发生火灾而导致自身蔓延。因此，电缆井、管道井要符合下列要求：

①电缆井、管道井应分别独立设置。

②其井壁应为耐火极限不低于 1h 的不燃烧体。

③井壁上的检查门应采用丙级防火门。

④电梯井、管道井与房间、走道等相连通的孔洞，其空隙应采用防火封堵进行严密封堵。

⑤需采取在每层楼板处用相当于楼板耐火极限的防火封堵系统作为防火措施分隔。

实际工程中，每层分隔对于检修影响不大，却能提高建筑的消防安全性。因此，要求这些竖井在每层进行防火分隔是最有效地防止火灾垂直蔓延的措施。

（3）排烟道、排气道。高层建筑中的排烟道、排气道等竖向管井虽然体积尺寸相对较小，但仍然是烟火竖向蔓延的通道，特别是厨房室内的火灾可通过排烟道内部传播，尤其是烟道内积了油垢后很容易发生火灾。因此，排烟道、排气道等竖向管井的设置应满足以下要求：

①排烟道、排气道与电缆井、管道井及垃圾道等都应分别独立设置。

②管道的材料要选用耐火极限不低于 1h 的不燃性材料。

③管道开口上应安装烟气止回阀和防火隔离门，防止串味和串火。

（4）垃圾道。垃圾火灾并不鲜见，但人们却不以为然，以为这类火灾没有什么损失。垃圾道中经常堆积有纸屑、棉纱、破布、塑料等可燃杂物，遇有烟头等火种极易引起火灾造成火灾纵向燃烧，甚至可能危及建筑物和居民的安全，后果不堪设想。垃圾道的设置应满足以下要求：

①垃圾道宜靠外墙设置，不应设在楼梯间内，垃圾道的排气口应直接开向室外。

②垃圾斗宜设在垃圾道前室内，该前室应采用丙级防火门。

③垃圾斗应采用不燃烧材料制作，并能自行关闭。

（5）伸缩缝、沉降缝、抗震缝。建筑物的伸缩缝、沉降缝、抗震缝等各种变形缝是火灾蔓延的途径之一，尤其是纵向变形缝，它具有很强的拔烟火作用。因此，必须做好伸缩缝、沉降缝、抗震缝的防火处理。伸缩缝、沉降缝、抗震缝的设置应满足以下要求：

①变形缝的基层应采用不燃材料，其表面装饰层宜采用不燃材料，严格限制可燃材料使用。

②变形缝内不准敷设电缆、可燃气体管道和甲、乙、丙类液体管道。

③如上述电缆、管道需穿越变形缝时，应在穿过处加不燃材料套管保护，并在空隙处用防火封堵材料严密封堵。

（四）防火分区中的分隔措施

当建筑物发生火灾时，为了把火势控制在一定空间内，阻止其蔓延扩大，需要用防火设施进行防火分隔。防火分区除设置防火墙外，防火门、窗、卷帘以及玻璃加喷淋、防火水幕、防火隔离带也是建筑物采用的防火分隔措施之一。防火门、窗通常用在防火墙上、楼梯间出入口或管井开口部位，要求能隔断烟、火。防火门、窗对防止烟、火的扩散和蔓延、减少损失起着重要的作用，因此，必须对其有严格要求。卷帘、玻璃加喷淋、防火水幕、防火隔离带等分隔方式通常是在设置防火墙确有困难的场所或部位才采用，为使其火灾时真正起到隔火、隔烟的作用，在实际工程应用时也应有严格的要求。

1. 防火门

防火门是指在一定时间内能满足耐火稳定性、完整性和隔热性要求的门。它是设在防火分区间、疏散楼梯间、垂直竖井等具有一定耐火性的防火分隔物。防火门除具有普通门的作用外，更具有阻止火势蔓延和烟气扩散的作用，可在一定时间内阻止火势的蔓延，确保人员疏散。防火门一般设在两个防火分区之间、封闭楼梯间、防烟楼梯间、电梯及楼梯前室等部位。

(1) 防火门的分类。

①A类防火门：又称为完全隔热防火门，在规定的时间内能同时满足耐火隔热性和耐火完整性要求，耐火等级分别为0.5h(丙级)、1h(乙级)、1.5h(甲级)和2h、3h。

②B类防火门：又称为部分隔热防火门，其耐火隔热性要求为0.5h，耐火完整性等级分别为1h、1.5h、2h、3h。

③C类防火门：又称为非隔热防火门，对其耐火隔热性没有要求，在规定的耐火时间内仅满足耐火完整性的要求，耐火完整性等级分别为1h、1.5h、2h、3h。

(2) 防火门的种类。

①木质防火门：用难燃木材或难燃木材制品制作门框、门扇骨架、门扇面板，门扇内若填充材料，则填充对人体无毒无害的防火隔热材料，并配以防火五金配件所组成的具有一定耐火性能的门。它的优点是自重轻、启闭灵活且外观可装饰性好、花样较多，缺点是价格较高，多用于中高档次的民用建筑或建筑中的重要场合。

②钢质防火门：用钢质材料制作门框、门扇骨架和门扇面板，门扇内若填充材料，则填充对人体无毒无害的防火隔热材料，并配以防火五金配件所组成的具有一定耐火性能的门。它的价格适中，但其自重大、开启较费力且式样单调、不够美观，因此多用于工业建筑和一般档次的民用建筑，或建筑中对美观要求低、平时人流量小的部位(如机房、车库等)。

③钢木质防火门：用钢质和难燃木质材料或难燃木材制品制作门框、门扇骨架、门扇面板，门扇内若填充材料，则填充对人体无毒无害的防火隔热材料，并配以防火五金配件所组成的具有一定耐火性能的门。

④其他材质防火门：采用除钢质、难燃木材或难燃木材制品之外的无机不燃材料或部分采用钢质、难燃木材、难燃木材制品制作门框、门扇骨架、门扇面板，门扇内若填充材料，则填充对人体无毒无害的防火隔热材料，并

配以防火五金配件所组成的具有一定耐火性能的门。

（3）防火门的形式。防火门按照开启状态还分为常闭防火门和常开防火门。

①常闭防火门一般由防火门扇、门框、闭门器、密封条等组成，双扇或多扇常闭防火门还装有顺序器。常闭防火门通常不需要电气专业提供自控设计，但也有些特殊情况，如疏散通道上的常闭防火门，当建设方有防盗等管理上的要求时，应由电气专业配合设计，确保发生火灾时能够从内部开启，确保不存在安全隐患。

②常开防火门是除具有常闭防火门的所有配件外，还必须增加防火门释放开关，而且必须由电气专业提供自控设计。通常会在人流、物流较多的疏散通道上应用到。

（4）防火门的设置。需要注意的是，在工程设计中，除要严格按照规范要求的场合、部位、宽度、等级和开启方向设置防火门以外，还需要有如下考虑：

①门扇对疏散宽度的影响。防火门一般都设在疏散路径上（如楼梯间、前室、走道等），建筑平面细部设计时稍不注意就可能造成门扇开启后遮挡疏散路径、减少其有效宽度，违反人员疏散的基本要求。在疏散路径转折处和高层住宅中这种现象尤为突出，应引起重视、加以避免。

②通向相邻分区的疏散口问题。在一定条件下，当设有通向相邻防火分区的甲级防火门时，高层建筑中允许每个分区只设一个安全出口。应当注意的是，由于防火门只能单向开启，如果相邻的两个分区都只有一个安全出口，则应当在防火墙上分设两樘防火门并分别向两侧开启，才能满足两个分区间互相疏散的需要。

③启闭方式的选择。最常采用的是常闭防火门，它的门扇一直处于闭合状态，人员通过时手动打开，通过后门扇自行关闭；若安装推闩五金件就更利于加快疏散速度。但是，设于公共通道的常闭防火门存在平时使用时影响通风采光、遮挡视线、通行不便的缺点，如管理不善，其闭门器和启闭五金件常常会被毁坏、失灵，造成安全隐患。常开防火门恰好解决了上述问题，平时它的门扇被定门器固定在开启位置，火灾时定门器自动释放，恢复与常闭防火门相同的功能。由于增加了定门器和自动释放系统，有时还要与

自动报警系统联动，采用常开防火门势必增加工程造价。现行防火规范没有对防火门采用何种启闭方式做强制规定，可由设计者综合考虑建筑的标准高低、使用场合的特点、建筑使用者的管理需要及经济因素选择确定。

2. 防火卷帘

防火卷帘门是现代高层建筑中不可缺少的防火设施，除具备普通卷帘门的作用外，还具有防火、隔烟、抑制火灾蔓延、保护人员疏散的特殊功能，广泛应用于高层建筑、大型商场等人员密集的场合。

在一些公共建筑物中（如百货楼的营业厅、展览楼的展览厅等），因面积太大，超过了防火分区最大允许面积的规定，考虑到使用上的需要，若按规定设置防火墙确有困难时，可采取特殊的防火处理办法，设置作为划分防火分区分隔设施的防火卷帘，平时卷帘收拢，保持宽敞的场所，满足使用要求，发生火灾时，按控制程序下降，将火势控制在一个防火分区的范围之内，所以用于这种场合的防火卷帘，需要确保可靠的防火分隔功能。

（1）防火卷帘设置部位。防火卷帘一般可在以下部位设置：

①非疏散用的墙上开口。

②中庭与周围相连通空间进行防火分隔的部位。

③电缆井、管道井、排烟道、垃圾道等竖向管道井的检查门。

④划分防火分区，控制分区建筑面积所设防火墙和防火隔墙上的门。

⑤规范或设计特别要求防火、防烟的隔墙分户门。

⑥民用建筑内的附属库房，剧场后台的辅助用房。

⑦除住宅建筑外，其他建筑内的厨房。

⑧附设在住宅建筑内的机动车库。

根据工艺的不同，防火卷帘设置的位置也不同，除了设置在防火墙外，在两个防火分区之间没有防火墙的也应设置防火卷帘。但是，除中庭外，当防火分隔部位的宽度不大于30m时，防火卷帘的宽度不应大于10m；当防火分隔部位的宽度大于30m时，防火卷帘的宽度不应大于该部位宽度的1/3，且不应大于20m。

建筑物设置防火墙或防火门有困难，采用防火卷帘门代替时，必须同时用水喷淋系统保护。

（2）防火卷帘的控制。防火卷帘主要用于大型超市（大卖场）、大型商场、大型专业材料市场、大型展馆、厂房、仓库等有消防要求的公共场所。当火灾发生时，防火卷帘门在消防中央控制系统的控制下，按预先设定的程序自动放下（下行），从而起到阻止火势向其他范围蔓延的作用，为实施消防灭火争取宝贵的时间。

在通常情况下，大型建筑根据国家消防法的规定配置了消防中央控制系统。当火灾发生时，安装在房顶的烟感传感器（简称烟感）首先接到烟雾信号，同时向中央控制系统报警，消防中央控制系统通过识别后接通火警所在区域的防火卷帘门电源，使火灾区域的防火卷帘按一定的速度下行。当卷帘下行到离地面约 1.5m 位置时，停止下行，以利于人员的疏散和撤离。防火卷帘门在中间停留一定时间后，再继续下行，直至关闭。防火卷帘门的下行速度和中间停留时间可在安装时进行调整。在某些场合，建筑内不配备消防中央控制系统，防火卷帘门仅借助于防火卷帘门的消防控制电器箱使防火卷帘门按规定程序运行。在这种情况下，当火灾发生时，烟雾传感器接收的火警信号直接传至防火卷帘门的消防控制电器箱。在停电的情况下，只能通过拉动铁链将防火卷帘门放下。防火卷帘门配备有手动下降机构，但只能单向放下，不能提升。

（3）防火卷帘的维护管理。钢质防火卷帘是公共场所防火分区和防火隔断的重要消防设施，它是机械与电器相结合的消防产品，安装好的防火卷帘应始终处于正常状态。需要注意的是，钢质防火卷帘在使用过程中，专用设备应由专人使用和保管，管理人员应具有一定的电工及机械基础知识。在操作使用过程中，操作人员不得擅自离开操作地点，应密切注意启闭情况和执行情况，在启闭时卷帘下面不准有人站立、走动，以防止行程开关失灵，卷帘卡死，电机受阻和发生其他事故，防火分区和防火隔断的钢质防火卷帘平时不会频繁使用，一旦区域发生火情，卷帘应有效地投入使用。

带有联动控制、中央控制中心控制的防火卷帘必须根据一套控制指令程序进行降落。在使用过程中一旦发现异常情况应立即采取紧急措施，切断输入电源，排除故障。防火卷帘应建立定期保养制度，并做好每个卷帘的保养记录工作，备案存档。长期不启动的卷帘必须半年保养一次，内容为消除灰尘垃圾，涂刷油漆，对传动部分的链轮滚子加润滑油等，检查电器线路和电气设备是否损坏，运转是否正常，能否符合各项指令，如有损坏和不符要求时应立即检修。

3. 玻璃加水喷淋分隔

除传统的防火门、防火卷帘等建筑防火分隔措施外，目前在许多工程应用中设置防火墙或实体墙确有困难的场所或部位采用玻璃加水喷淋技术。例如，在有些大型商业设施的走道两侧设置的商店橱窗或商店分隔，为了表现友好的商业氛围和购物环境，采用了通透的视觉效果分隔措施，这些措施大部分采用的是玻璃分隔。而为了起到防火分隔的作用效果，就采用玻璃加水喷淋技术对玻璃进行降温，实现防火分隔之目的。

普通防火玻璃施用水膜能有效地经受火灾的高温，水膜的蒸发潜热被用于保护防火玻璃，防火玻璃保持完整性和绝缘性的时间可由6min延长到100min，且防火玻璃表面的温度维持在90℃以下；采用水喷淋保护，高强度单片铯钾防火玻璃的防火性能大大增强，通过实验使得在最佳喷淋状态下的高强度单片铯钾防火玻璃可以达到A类I级的标准。即在同时满足耐火完整性、耐火隔热性要求，其耐火等级不小于90min；在水喷淋保护下，单片防火玻璃不仅能阻隔火灾和烟气的直接蔓延，而且具有良好的隔热性能，其背火面温度为50℃左右，背火面的热辐射通量只有国标规定的临界辐射通量的1.2%，完全满足人员疏散安全要求。

结合钢化玻璃在实际工程中的应用，为达到防火分隔的目的，钢化玻璃在火灾条件下应能达到或接近相关防火规范的技术要求。实体火灾试验证明钢化玻璃经水喷淋系统保护后能保持其完整性并具有较低的背火面温度等，从而达到防火分隔的技术要求。

目前已有专门用于保护热增强型玻璃或钢化玻璃的特殊喷头，其流量系数K=64，是3mm玻璃泡快速反应闭式喷头。喷头的有效防护功能在于喷头喷水的特殊设计和喷头快速响应的热敏能力。该喷头水量完全分布在玻璃上，布水均匀，完整保护玻璃，玻璃上无布水空白点。

4. 防火水幕分隔

水幕系统 (也称水幕灭火系统) 利用密集喷洒所形成的水墙或水帘，对简易防火分隔物进行冷却，提高其耐火性能，或阻止火焰穿过开口部位，直接用作防火分隔的一种自动喷水消防系统。它是由水幕喷头、雨淋报警阀组或感温雨淋阀、供水与配水管道、控制阀及水流报警装置等组成。

水幕系统的工作原理与雨淋喷水系统基本相同。所不同的是水幕系统喷出的水为水帘状，而雨淋系统喷出的水为开花射流。由于水幕喷头将水喷洒成水帘状，所以说水幕系统不是直接用来灭火的，其作用是冷却简易防火分隔物（如防火卷帘、防火幕），提高其耐火性能，或者形成防火水帘阻止火焰穿过开口部位，防止火势蔓延。

水幕系统主要用于需要进行水幕保护或防火隔断的部位，这些部位由于工艺需要而无法设置防火墙等措施，如设置在建筑内的大型剧院、会堂、礼堂的舞台口以及与舞台相连的侧台、后台的门窗洞口等防火分区分隔处或设备之间，阻止火势蔓延扩大，阻隔火灾事故产生的辐射热，对泄漏的易燃、易爆、有害气体和液体起疏导和稀释作用。

水幕系统不具备直接灭火的能力，是用于挡烟阻火和冷却隔离的防火系统。防火分隔水幕系统利用密集喷洒形成的水墙或多层水帘，封堵防火分区处的孔洞，阻挡火灾和烟气的蔓延。防护冷却水幕系统则利用喷水在物体表面形成的水膜，控制防火分区处分隔物的温度，使分隔物的完整性和隔热性免遭火灾破坏。

（1）水幕系统的设置原则。

①在高层民用建筑超过800个座位的剧院、礼堂的舞台口和设有防火卷帘、防火幕的部位可以设置水幕系统。

②高层建筑内设有上、下层相连通的走廊、敞开楼梯、自动扶梯、传送带等开口部位，当上、下层建筑面积叠加超过一个防火分区面积时，可采用水幕系统。

③除舞台口外，防火分隔水幕不宜用于宽度超过15m，高度超过8m的开口。

（2）组件及设置要求。

①水幕喷头。水幕喷头按构造和用途可分为幕帘式、窗口式和檐口式三种类型，在幕帘式喷头中又分单隙式、双隙式和雨淋式三种。水幕喷头按口径分为小口径（6m、8m、10m）和大口径（12.7m、16m、19m）两类。

②喷头的选型：①防火分隔水幕应采用开式喷头使之形成水墙或采用水幕喷头使之形成水帘；②防护冷却水幕应采用水幕喷头。

③喷头的布置：a.喷头要均匀布置，不要出现空白点；b.用于防护冷却

水幕的喷头，宜布置成单排将水直接喷到被保护物上；c. 为了保证水幕的厚度，采用水幕喷头时，喷头不应少于 3 排；采用形式喷头时，喷头不应少于 2 排；d. 为保证水幕的均匀，同一配水支管上的喷头口径应一致。

三、阻燃措施

随着城市建设速度的加快，我国高层建筑发展很快，各大城市的高层建筑与日俱增。高层建筑逐渐向现代化、大型化和多功能化方向发展，建筑的内装修也越来越丰富多彩。然而，许多高层建筑的装修或单纯追求美观、豪华的效果，或考虑到装修费用等因素而大量采用可燃内装修材料，这样使得高层建筑的火灾荷载成倍递增，从而使高层建筑的安全度明显下降。内装修中存在的问题进一步增加了高层建筑的火灾危险性。

（一）阻燃剂和阻燃材料

1. 阻燃剂作用机理

降低塑料起燃的容易程度和火焰传播速率的助剂都称为阻燃剂，可燃固体材料经阻燃处理后燃烧时，阻燃剂是在不同反应区内（气相、凝聚相）多方面起作用的，其基本功能是排除燃烧三要素中的一个或几个因素。对于不同材料来说，阻燃剂的作用表现也不尽相同。归纳起来，阻燃剂可通过以下五个作用达到阻燃的效果：

（1）在燃烧反应的热作用下，阻燃材料中在凝聚相反应区改变聚合物大分子链的热裂解反应历程，促使发生脱水、缩合、环化、交联等分解和吸热反应。直至炭化，以增加炭化残渣，减少可燃性气体的产生，降低凝聚相内温度上升速度，使阻燃剂在凝聚相发挥阻燃作用。

（2）阻燃剂受热分解后，能释放出连锁反应低能量的自由基阻断剂，使火焰连锁反应的分支过程中断，阻止气相燃烧，从而减缓了气相反应速度。

（3）阻燃剂受热熔融或产生高沸点液体，在材料表面形成玻璃状隔膜，成为凝聚相和火焰之间的一个屏障，起到阻碍热传递的作用。这样既可隔绝氧气，阻止可燃性气体的扩散，又可阻挡热传导和热辐射，减少反馈给材料的热量，从而抑制热裂解和燃烧反应。

（4）阻燃剂在受热时能产生大量的 N_2、CO_2、SO_2、HCl、HBr、NH_3 等

难燃或不燃性气体，使材料放出的可燃气体浓度降低。这种不燃性气体还有散热降温作用。还有些阻燃剂会改变高聚物的热分解产物，使可燃性气体产物减少。

（5）在热作用下，有的阻燃剂出现了吸热性相变、脱水或脱卤化氢等吸热分解反应，降低材料表面和火焰区的温度，物理性地阻止了凝聚相内温度的升高，减慢热裂解的速度，抑制可燃性气体的生成。

由于高分子材料的分子结构及阻燃剂种类的不同，阻燃作用是十分复杂的。在某一特定的阻燃体系中，可能涉及上述某一种或多种阻燃作用。

在阻燃配方中，除了阻燃剂之外，还要加增效剂。增效剂是指单独使用时几乎不起阻燃作用，但和阻燃剂并用时，却可起到很好的增效作用的一类助剂。这类助剂可以提高单组分阻燃剂的阻燃效果。

2. 常用阻燃材料

（1）木材阻燃。由于磷、氮两元素在木材阻燃剂中起协同作用而提高阻燃效果，所以磷、氮系被认为是最适宜的木材阻燃剂。硼系、卤系、含卤磷酸酯及铝、镁、锑等金属氧化物或氢氧化物也可用来对木材进行阻燃处理。其水溶液被纤维性或多孔性材料吸收，阻燃元素牢固地黏附在被处理材料的分子骨架内，对材料起着阻燃、消烟、防霉、防蛀的作用。因此，水基型阻燃剂可处理各种木材、纤维板、刨花板等，经处理后使之成为难燃材料。处理工艺有喷涂、常温/加温浸泡和抽真空吸收方式，阻燃剂在木材中浸透越多，阻燃效果越好。另外，用乳化剂将聚磷酸铵配成乳状液处理木材，不易流失，持久性强，对木材具有较好的阻燃效果。

（2）阻燃纺织物。纺织物的阻燃剂按化学元素和结构分为无机阻燃剂和有机阻燃剂。通常无机阻燃剂比有机阻燃剂更稳定，不易挥发，并且烟气毒性小、成本较低，从阻燃效力方面，都可达到统一阻燃指标。一般含磷阻燃剂的阻燃效果比任何其他元素阻燃剂单独使用时好，对不同种元素阻燃剂进行复配的阻燃效果要好于单一元素的阻燃效果。对于腈纶、涤纶等合成纤维的阻燃剂，以磷系、溴系效果较好。织物用水基型阻燃剂可处理各种涤棉布、棉布、平绒、绵绸、丝麻、混纺、帆布、针织品等，经处理后使之成为难燃性材料。处理工艺有喷洒和常温/加温浸泡两种。经过阻燃处理的织物可用于高层建筑内窗帘幕布、床上用品、家具组件、铺地材料、服装等。

（3）阻燃电线电缆。阻燃电缆的材料一般采用阻燃聚烯烃和阻燃聚氯乙烯。通常金属水合物作为聚烯烃的阻燃剂，以达到低烟、低毒阻燃目的。金属水合物主要有硼酸锌等无机阻燃剂。而硼酸锌既阻燃又抑烟，从而获得广泛应用。在阻燃剂中加入阻燃增效剂能减少无机阻燃剂的填充量，起到改善材料力学性能的作用。常用无卤阻燃增效剂有磷化物、硼化物、金属氧化物、有机硅化物等。膨胀型阻燃剂在燃烧过程中在表面生成一层蓬松、多孔的均质碳层而具有隔热、隔氧、抑烟作用，且无熔滴生成，很适合以聚烯烃为树脂的电缆的阻燃。聚氯乙烯燃烧时会产生大量的有毒烟雾，因此既要阻燃处理，还要抑制烟气产生。可选取对 PVC 阻燃抑烟比较有效的无机阻燃剂，如硼酸锌、聚磷酸铵、氢氧化铝、三氧化二锑、碳酸钙配成复合阻燃剂，使烟密度有一定程度的下降，基本达到阻燃抑烟的目的。

（4）皮革的阻燃。作为天然高分子材料的皮革，在生产加工过程中加入复鞣剂等材料，使皮革的抗燃能力降低。根据皮革的耐洗性，用于皮革的阻燃剂有耐久性阻燃剂和非耐久性阻燃剂。非耐久性阻燃剂主要有硼酸、硼砂、溴化铵、硼酸铵、磷酸铵、氨基磺酸盐等。耐久性阻燃剂主要有四羟甲基氯化磷、N- 羟甲基二甲基磷酸丙酰胺等。实际应用中，许多是采用两种或多种阻燃剂混合使用，起到协同阻燃作用。

（5）橡胶的阻燃。为了达到橡胶阻燃目的，通常在橡胶硅化中加入各种复合阻燃剂。SB_2O_3 是一种被广泛采用的橡胶阻燃剂。许多阻燃配方使用 SB_2O_3、含卤素阻燃剂、氢氧化铝，并加入一定量的有机磷酸酯或卤代磷酸甲。这样的体系中，除能发生卤素阻燃剂 SB_2O_3 的协同效应外，也可以发生磷 - 卤素协同阻燃作用。对于烃类橡胶，氯化石蜡是常用的含卤阻燃剂（常配有 SB_2O_3）。对于含卤橡胶，其本身有一定阻燃性。一般采用 SB_2O_3、氯化石蜡（或十溴联苯醚）以及氢氧化铝、FB 阻燃剂（硼酸锌）复合阻燃体系提高阻燃性。

（6）阻燃泡沫塑料。泡沫材料主要有两类：一是保温隔热材料；二是吸音材料。多孔泡沫具有较好的吸音功能，闭孔泡沫具有良好的保温隔热作用。阻燃泡沫从形态上有硬泡沫和软泡沫之分。硬泡沫主要用于保温隔热，如常用的泡沫保温风管材料、墙面保温系统等，这些材料有酚醛泡沫 PF、聚氨酯泡沫 PU、聚异氰脲酸酯泡沫 PIR、挤塑聚苯乙烯 XPS、发泡聚苯乙烯 PS、发泡聚氯乙烯 PVC 等。软泡沫因其柔韧性和弹性好，常用于软垫家具、墙面吸音软包、水管保温、空调系统保温等，这些材料有软质聚氨酯泡沫 PU、橡胶 PVC 泡沫、橡胶 /PE 泡沫、发泡聚乙烯 PEF 等。泡沫的阻燃性能差别较大，无论何种材料都需要进行阻燃和消烟处理。

泡沫材料或制品的燃烧性能有多种表现方式，通常 PU、PS 泡沫阻燃处理较困难且燃烧分解的烟密度较大，而 PF 泡沫烟密度较小但烟气毒性较大。因此，在对泡沫进行阻燃处理时还应考虑"抑烟"。

（7）阻燃塑料。塑料作为第四大类建材，以其优异的理化性能，被世界各国大力推广应用。但塑料制品为有机高分子材料，受热易分解和燃烧，且多数会在燃烧时释放大量浓烟和有毒气体。常见的塑料制品主要用于做铺地材料、墙面材料、天花吊顶材料、绝缘电气制品、家电外壳、门窗制品、窗帘、家具组件、管线等。现在公共场所如机场、医院等铺地材料常用的塑胶地板材料主要是聚氯乙烯；电线套管、水管多用 PVC 材料；家电外壳常用 ABS；天花吊顶有新型的铝塑复合板和 PC 聚碳酸酯材料；塑钢门窗则是 PVC 复合金属制作等。

对塑料进行阻燃处理最常用的方法是在塑料中添加阻燃剂。在添加塑料用阻燃剂时，需要将阻燃与消烟同时加以考虑。钼系阻燃消烟剂（包括 MoO_3 钼酸铵等）是最有效的阻燃消烟剂。在 100 份 PVC 中添加 2 份 MoO_3，可使 PVC 的氧指数由 27.5 提高到 30.5，而发烟量从 28.2 降到 4.8。另外，复合金属氧化物阻燃消烟剂，如 MgO、SnO_2、ZnO、$MgO\text{-}MoO_3$、ZnO，对于 VC、PE、PS、ABS 均有显著的阻燃消烟效果。其他比较廉价的阻燃剂还有氢氧化铝、氢氧化镁、硼酸锌等。

（二）高层建筑内部装修阻燃处理措施

在建筑物中通常对墙面、吊顶、地面进行装饰，以及陈设各种家具。做好高层建筑内部的各种装饰装修、家具的阻燃技术措施，能大量地减少建筑物内的火灾荷载，降低火灾的风险，是防止高层建筑火灾发生、蔓延扩散的有效办法。

1. 墙面的阻燃处理

高层建筑墙面装修是很重要的。高层建筑的墙面装修材料的燃烧性能等级一律不得低于 B1 级。高层建筑的墙面在采用木质胶合板装修时，必须进行阻燃处理使之达到 B1 级。阻燃处理工艺可以通过喷涂、常温 / 加温浸泡和抽真空吸收方式，阻燃剂在木材中浸透越多，阻燃效果越好；如果选用墙纸装饰墙面应采用阻燃墙纸。

2. 地面的阻燃处理

高层建筑的地面装饰是内装修中的一个重点，既要求牢固、耐磨、耐腐，又要美观富有较好的装饰性。对地面进行装修用铺地材料的种类较多，有硬质的如各类木质地板，软质的如各类纺织地毯、柔性塑胶地板等。普通的化纤地毯和未经阻燃处理的塑料地板都会加大火灾荷载，必须对其进行阻燃处理。

塑胶地板大多以 PVC 为原材料，本身具有较好的阻燃性，因此在实际检验中，塑胶地板的燃烧性能较好。

有些地毯和地板为了提高脚踏舒适性，在铺地材料下方敷设发泡塑胶软垫，这类材料需要进行阻燃处理，否则会影响整个铺地材料的火灾安全性。

3. 吊顶的阻燃处理

在建筑内装修中，吊顶是非常重要的。因为在吊顶内通常有各种各样的管道、电线电缆，且贯通各个空间，许多火灾就是通过吊顶空间扩散蔓延的。火灾时火焰首先直接对吊顶进行熏烧，而人员在逃生过程中又直接面临吊顶堕落的可能，对人员疏散构成威胁，所以吊顶材料直接影响到人的生命安全。因此，吊顶材料必须要做好阻燃、防火处理。吊顶装饰材料中主要有矿棉板、胶合板、塑料板。石膏板具有质轻、不燃、隔热保温、吸声、可锯、可钉等性能，是一种比较理想的吊顶装饰材料。

一类高层建筑的吊顶必须采用 A 级装修材料，二类高层建筑的吊顶采用不低于 B1 级的装修材料。对于一类高层建筑可采用钉双面石膏板（厚1cm），耐火极限 0.3h。对于二类高层建筑可采用钉石膏装修板（厚 1cm），耐火极限 0.25h。

4. 家具的阻燃处理

高层建筑中家具是不可缺少的，且各种各样。而家具大部分是木制的，由于具有可燃性，使之成为高层建筑内火灾荷载的主要部分，这样增加了高层建筑的火灾危险性。因此，对各种类型的家具进行阻燃处理是非常必要的。最主要的是阻燃处理应达到相关标准的要求，才能为高层建筑消防安全提供保障。

第四章　地铁的火灾救援与防控

城市在不断发展进步，交通也越来越发达，其中地铁因为其速度快、效率高，是近年来很受欢迎的出行方式之一。发达城市修建了许多地铁，使人们的出行越来越方便。但因为地铁深处地下，且是密闭空间，如果遇到一些突发情况就十分危险。基于此，本章主要探讨地铁火灾事故人员应急救援疏散、地铁车站的消防安全防控、地铁火灾的防控技术及发展。

第一节　地铁火灾事故人员应急救援疏散

一、延长可用安全疏散时间对策

"地铁作为一种现代化城市轨道交通工具，给人们的日常出行带来了极大的便捷，其运营安全也是关系国计民生的大事。在以往地铁各类安全事故中，尤其以火灾为典型的事故造成了严重的人员伤亡和财产损失，引起了全社会的广泛关注。"[1] 地铁火灾事故中要延长可用的安全疏散时间，就必须使火灾燃烧过程中的烟气层尽量减薄，具体可以采取以下相应措施来达到效果。

(一) 减少替代可燃和有毒材料应用

为了提高地铁整体的耐火性以及减少有毒有害物质的产生，应该控制、减少和替代可燃装饰材料和有毒有害材料的应用，如地铁的站厅、站台、楼梯间、疏散通道、值班室、设备间等，其装饰材料都应采用不燃、难燃的材料。电气设备、线路和照明材料都应该采用阻燃材料。从而减少火灾的发

---

[1] 李远明.地铁隧道火灾疏散救援问题的研究工程中的应用 [J].城市建设理论研究 (电子版)，2012(16).

生，以及火灾发生时释放有毒有害气体的数量，最大限度地减少火灾发生时人员逃生时对有毒有害气体的吸入，满足其需求。地铁列车、隧道、地铁车间所用的材料要全部选用经消防部门认证通过的防火材料。地铁的车厢、座位设备、扶手、车上、车站管线及车站站台、站厅、墙、天花板等材料全部采用不燃、难燃或阻燃的材料。隧道内的设备、管道、电缆等材料全部用不燃、难燃或阻燃的材料。人员疏散必经的疏散门、疏散走道、防烟楼梯间、封闭楼梯间等部位所用的装饰材料必须采用不燃、难燃或阻燃材料。同时，利用法律效力严禁有毒材料的应用，防止火灾时产生大量的有毒有害气体，影响人员逃生时的疏散。

（二）防火分区的合理设计

在火灾发生时，火焰和烟气的蔓延非常迅速，人员在拥挤的状态下，撤离的速度往往跟不上，所以，合理的防火分区设计，将火灾限定在一定的范围内是必需的。地铁的防火分区设计应该满足如下要求：

（1）采用防火分隔设施来满足地铁与地下、地上商场等建筑物的连接。

（2）地下车站站台和站厅疏散区要划分为一个防火分区，地上车站不应大于 $2500m^2$，其他部位防火分区的最大允许使用面积不应大于 $1500m^2$。两个防火分区间防火墙和防火门分隔，其耐火极限不小于 4h。

（3）站台与站厅间的楼梯口处应设置挡烟垂壁，其下缘到楼梯踏面的垂直距离应大于或等于 2.3m。

（4）建筑构件与防火卷帘之间的缝隙、管道、风管、电缆等在穿过防火墙、防火分隔物及楼板时，应采用防火封堵材料填塞密实空隙，使其达到防火分隔的耐火极限。

（三）防排烟设施的设置要求

防排烟设施应满足以下要求：

（1）地铁车站、区间隧道内必须设置防排烟与事故自动通风系统。

（2）地铁站台和站厅发生火灾时的排烟量，应该根据国标中规定的一个防烟分区的建筑面积按 $1m^3/(m^2 \cdot min)$ 来计算。

（3）地铁站台和站厅公共区应划分防烟分区，每个防烟分区的建筑面积不宜超过 750m²，且防烟分区不得跨越防火分区。

（4）隧道区间火灾的排烟量应按隧道区间断面的排烟流速大于2m/s来计算，但排烟流速要小于11m/s。

（5）站台与站厅之间的楼梯口处，宜设置挡烟垂壁，其下缘到楼梯踏步表面的垂直距离应大于或等于2.3m。当地铁车站站台起火时，应保证站台至站厅的扶梯和楼梯口处具有大于1.5m/s的向下气流，以防止站台至站厅之间有烟气扩散。

（四）自动灭火系统的设置

在地下车站站台、站厅、设备及管理用房区域、人行通道、地下区间隧道、地面高架车站室内，都应该设置符合规定的室内消火栓。地下车站的控制室、通信和信号机房、地下变电所、地上运营控制中心都应设置气体自动灭火装置。

（五）消防控制中心的设置

消防控制中心的设置应满足以下要求：

（1）消防控制室应设置在地铁控制中心。

（2）控制中心应该能够在发生火灾时，控制疏散指示灯的电源和应急照明灯，同时能够控制开启自动检票闸门和车站屏蔽门。

（3）控制中心应该设置火灾发生时火灾自动探测器、火灾自动预测报警、火灾事故广播、环境与设备监控、水消防、气体灭火、防排烟等消防系统。

（4）控制中心应根据各分区的出入口、房间、主要通道的需要来设置安保门禁系统和闭路电视监视系统等保安系统和自动录像。

（5）保安值班室和消防控制室都必须设置，且设置要合理。

二、缩短疏散开始时间的对策

疏散开始的时间主要包括：火灾探测系统的探测时间，人员确认和反应时间。因此，要缩短火灾发生时疏散开始的时间就要缩短这两个阶段的时间。

（一）火灾探测器的设置

火灾探测器的设置应符合以下要求：

（1）根据设备配置和防火分区来划分报警区域。

（2）在地铁站台和站厅等，大空间区域的每个防烟分区划分独立的火灾探测区。

（3）对于火灾探测器的设置，也有很多原则，如下：

第一，火灾探测器的设置应适应保护对象的保护等级。

第二，地铁车站的火灾探测器的设置部位，应满足的要求包括：①火灾探测器需要设置在相应的位置，如站台、站厅、库房、走廊、值班室、各种设备机房、办公室、机房、电缆隧道或夹层、配电室等；②在地下公共的场所、区间地下隧道且长度大于30m的出入口处应该设置手动报警按钮，而在这些场所长度超过60m的出入口通道应设置火灾探测器、手动报警按钮和自动报警系统；③在设有气体自动灭火器的房间应设两种火灾探测器。

（4）在火灾危险性较大的场所，如车辆停放和维修车库、可燃物品仓库、重要设备用房、存放和使用可燃气体用房、变配电室等都应设置火灾探测器。

（5）在设置火灾探测器的场所应该设置手动报警按钮，以便于人员发现火灾探测器发生异常时，能够及时报警。

（6）对环境的自我适应、灵敏度的自动调整都是火灾探测器应具有的功能。

（二）火灾报警系统设置

在地铁车站、站厅、区间隧道、车辆段、停车场、控制中心楼、主变电所应设火灾自动报警系统 FAS（火灾报警系统，Fire Alarm System）。地铁 FAS 由设置在车站监控管理级、设置在控制中心的中央监控管理级、现场控制级以及相关网络和通信接口等环节组成。

（1）FAS 的车站监控管理级和现场控制级，应该具备的功能包括：①采集记录火灾信息，并报送 FAS 中央监控管理级；②当启动各种防烟、排烟模式时，应联动停止通风、空调系统运行，切断相关区域的非消防电源；③

与 FAS 中央管理级以及本车站环境与设备监控系统间进行通信联络；④车站控制室应能控制地铁消防救灾设备，例如启动、开始能显示其运行状态；⑤监视车站管辖内火灾情况；⑥ FAS 要有独立接受控制中心指令、发布火灾联动控制的功能。

（2）FAS 设置在停车场或车辆段时，应具备的功能包括：①有关消防设备的控制；②能与中心控制室内的 FAS 进行通信和联络；③管辖区内的火灾情况被监视到，会向中央监控室中的 FAS 报送；④相关区域的非消防电源要被切断。

（三）防灾通信系统设置

设置防灾通信系统应满足以下要求：

（1）防灾无线控制台应设置在地铁控制中心，防灾无线通信台应设置在列车司机室，无线通信设备应设置在车站控制室、站长室、保安室及车辆值班室。

（2）为供防灾调度员监视，监视器和控制键盘应设置在地铁控制中心和车站控制室内。

（3）防灾广播控制台应设置在地铁控制中心、车站控制室、车辆值班室。

（4）地铁车站应设消防对讲电话。

（5）地铁的防灾调度电话系统，应在控制中心设调度电话总机，在其他地方如车站及车辆段应设分机。

（6）在发生火灾时，地铁通信系统的设计应该能够满足迅速转换为防灾通信的功能。

（7）在地铁发生火灾时，地铁公用通信的电话能自动转换到市话网的"119"功能。同时，应提供在发生火灾时，供救援人员进行地上、地下联络的无线通信设施。

三、缩短疏散行动时间的对策

（一）疏散设计布局的优化

（1）建筑布局要合理，要控制疏散距离。建筑物在设计时，应当考虑建筑物的布局简洁，合理组织疏散的路线，减少人员在疏散时迷路的可能性。

为避免人们在到达安全场所前所受到火和烟气的侵犯，影响疏散，应当限制疏散距离。

（2）疏散通道的设置要求。为了减少疏散的时间，设置疏散通道时要避免弯曲，应尽量简洁设置，弯曲的通道、楼梯、门槛等都会使疏散的时间延长。为了防止滞留现象的发生，疏散通道宽度的设置应该满足：①疏散通道供人员使用的最小净宽度应大于2.4m；②只有一面房间的建筑物，其疏散通道的净宽度不应小于1.2m；③对于两面都有房间的建筑物，其疏散通道的净宽度不应小于1.5m。

应不断地维护和清除疏散通道，以确保发生火灾时，紧急情况下能立即投入使用。

（3）设置楼梯的要求。地铁建筑物中的每一个可用于疏散的楼板、休息平台及楼梯的结构材料都应该采用难燃或不燃的材料，且应与建筑物的其他结构部分有一定的分隔。在坡道和楼梯的两侧设置扶手，且其扶手的宽度不应小于楼梯的宽度。楼梯包括楼梯转弯处、休息平台、护栏、扶手的设计都是连续的。

（4）设置安全出口的要求为保证建筑物中的人在任何时候、任何位置都能确知疏散的方向，每个出口都应该设置得清晰可见，且通向每个出口的通道都应该有明显的标志标识。对于标示不清楚，容易让人混淆而并非真正的出口的地方都应该标示清楚，避免人员在疏散时误走冤枉路，浪费疏散时间，从而造成死亡。

根据现行《建筑设计防火规范》的规定：①在地铁车站站台和站厅的防火分区，其安全出口的数量至少大于两个，并直通车站的外部空间；②其他各防火分区安全出口的数量也不应少于两个，并且应有一个安全出口直接通往外部空间。两个相邻的防火分区连通的防火门，可作为第二个安全出口。

据《建筑设计防火规范》的规定，不能作为安全出口的通道有：①与车站相连的开发的地下商业等公共场所；②竖井爬梯的出入口和垂直的电梯。

（二）疏散诱导系统的设置

在车站、隧道内设置如标牌、应急照明、明显的安全疏散标志及通路引导标志，这些标志应与出口路线一致，并且之间的间距不应该太大，以避免逃生人员在紧急情况下不能及时得到与疏散有关的信息，误走入不利于逃生的死路。

（1）设置应急照明。在站台、站厅、自动扶梯、自动人行通道、楼梯口、疏散通道、安全出口区间隧道等部位应设置疏散应急照明。设置的应急照明的条件应满足：①连续供电时间应大于 1h；②应急照明的强度要大于正常强度的 10%。

安装标志要达到满足连续视觉的效果：①应该在疏散出口和安全出口处的附近安装标志灯，标志灯的下边缘应离门的上边缘 0.3m；②应在安全出口或疏散出口处的顶部或靠近其出口上方的墙面上，且其下边缘距门的上边缘小于 0.3m 的地方安装标志灯；③在距地面高度 1m 处安装诱导标志灯，且其距离间隔以 10～15m 为宜；④位于疏散走道侧面的安全出口或疏散出口，疏散标志灯应设置在顶棚的下方，且其下边缘距门的上边缘应小于 0.3m，并垂直于疏散的方向，且标志灯的方向应与最近的安全出口方向一致。

（2）设置安全疏散标志。醒目的疏散指示标志应设置在地铁中的位置包括：①站台、站厅、自动人行道、自动扶梯及楼梯口；②在疏散门和疏散通道设置灯光疏散指示标志，并设有保护罩且保护罩的材料是玻璃或其他不燃材料；③在安全出口、人行疏散通道拐弯处、交叉口，在每隔不大于 20m 的延长方向上；④保持视觉连续的发光疏散指示标志应设置在站厅、站台、疏散通道等人员密集部位的地面。

（3）广播系统。控制中心和车站的广播设备可以组成地铁广播系统。这两个地方均应设置行车和防灾广播控制台，且区域设置应统一。但是防灾广播比行车广播更有优势。列车车厢应设置列车广播设备，这个设备应兼有人工和自动两种播音方式，运行的列车受控制中心调度员的指示，可通过无线通信系统对乘客进行语音广播。

（三）消防安全管理的强化

强化消防安全管理工作主要包括：

（1）健全各项消防管理制度并切实落实，制定 24h 的值班制度，进行 8h

轮班巡查制度等。除此之外，还应该着重落实各项制度的制定，避免各项制度成为纸上谈兵。

（2）定期维护、测试和保养各消防设备。工作人员应定期对系统内的消防设施、设备进行检查和维修，保证火灾应急照明、消防联动控制功能、自动报警系统及自动灭火系统在地铁火灾发生时能够正常使用。

（3）定期对地铁的工作人员进行培训，使其在火灾发生时，能够迅速确定火灾情况，并能严格按照应急救援预案及时准确地对建筑内的人员进行疏散和诱导。

第二节　地铁车站的消防安全防控

一、地铁车站的耐火等级

地下车站及其出入口通道、风道的耐火极限应为一级；地上车站及地上区间、地下车站出入口地面厅、风亭等地面建（构）筑物的耐火极限不应低于二级。控制中心建筑的耐火极限应为一级；当控制中心与其他建筑合建时，应设置独立的进出通道。

二、地铁车站的防火分隔

(一)单线标准站的防火分隔

地下车站应采用防火分隔物划分防火分区，站台和站厅公共区划分为一个防火分区，设备管理用房防火分区的最大允许使用面积不应超过1 500m²，地上车站不应大于2500m²。消防泵房、污水泵房、蓄水池、厕所、盥洗室的面积可不计入防火分区的面积。

典型的地铁车站，站厅层位于上层，站台层位于下层。一般来讲，地铁的设备区位于车站两端；乘客活动的区域为车站公共区，位于车站的中部；站厅层和站台层公共区通过楼扶梯组上下连通，站厅层以闸机为界，分为付费区和非付费区。其防火分隔特点如下：

（1）设备区与公共区之间采用防火墙和甲级防火门进行分隔，车控室临近站厅公共区一侧设置观察窗，采用 C 类甲级防火玻璃分隔，便于平时和火灾工况下，车控室内的人员直接观察监视站厅公共区内的状况。

（2）车站的站厅公共区和站台公共区通过楼扶梯组上下连通，构成一个防火分区。

（3）物业与站厅公共区之间采用防火卷帘进行分隔，形成独立的防火分区。

(二) 地下换乘站的防火分隔

为方便人们的出行，城市地铁的覆盖区域越来越广，相应地开发和规划出多条线路，在两条或者多条线路交叉的节点位置会形成地铁换乘站，方便人们在不同线路之间换乘。由于功能的需要，换乘站的站厅和站台公共区面积可能会远超单线标准站的面积，应根据换乘站的不同形式在不同部位采取必要的防火分隔措施。

（1）上下层平行站台换乘车站。下层站台穿越上层站台至站厅的楼扶梯，应在上层站台的楼扶梯开口部位进行防火分隔；上、下层站台之间的换乘楼扶梯，应在下层站台的换乘楼扶梯开口部位设置防火卷帘进行防火分隔。火灾工况下，换乘楼扶梯不得作为人员疏散使用。

（2）多线同层站台平行换乘车站。各站台之间应采用纵向防火墙进行分隔，并延伸至站台之外。

（3）点式换乘车站。点式换乘车站包含：二线站台之间"十""T""L"型换乘，三线之间"△""Ⅱ""Y""H"等形式换乘，以及站厅之间的通道换乘。站台之间的换乘通道和换乘楼扶梯，应在下层站台的开口部位设防火卷帘进行防火分隔，换乘楼扶梯不得作为人员疏散使用。

（4）当多线换乘车站共用一个站厅公共区，且面积超过单线标准车站站厅公共区面积 2.5 倍时，应通过消防性能化设计分析，采取必要的消防措施。

（5）通道换乘车站的站间换乘通道两侧及两端均应进行防火分隔，且通道内不得设置任何可燃物，当通道两端采用防火卷帘分隔时，应能分线控制。

（三）车站与物业的防火分隔

地铁作为城市交通的重要工具，为地铁车站附近带来了巨大的人流，在城市建设当中历来为商家所看重，依靠地铁口的交通便利性，可以带动地铁及周边商业的发展，形成一个辐射力很强的商业圈。地铁车站商业圈的物业形式根据存在的位置，主要有站内物业、车站站厅上下层或与站厅同层相接的物业等形式。

地铁车站内部物业是车站可燃物聚集的区域，火灾危险性较高，起火后会直接威胁车站内的人员疏散安全性。与车站相邻的物业往往设置上、下连通的楼扶梯或者同层相接的开口，以引入地铁乘客人流，由于商业具有火灾荷载大，起火后发烟发热量高，一旦接口的消防设计不当，可能导致烟气和火灾大量蔓延至地铁一侧，造成地铁一侧的人员伤亡和运营中断。为了减小和防止物业火灾对地铁车站造成影响，车站内的商铺以及与车站相邻的物业等开发应满足以下要求：

1. 站内物业

地铁车站内部的物业分为规模较小的商业零售铺面，如小食品、报摊等，以及相对独立成片、规模较大的大物业。

（1）站内和出入口通道的商铺。为保证火灾工况下乘客能快速安全疏散，为最大限度地减少站台层、站厅付费区和站厅非付费区、楼扶梯口和出入口通道的乘客疏散区范围内的火灾危险源，这些乘客疏散区内严禁设置商铺和非地铁用房。

设于站厅非付费区的商铺不应设在乘客流线范围内，并应对商铺的总面积和单处商铺的面积进行限制。商铺建议按照防火单元的要求进行设计，采用防火墙或防火卷帘等与其他部位进行防火分隔，并设火灾自动报警和灭火设施。防火单元是指在地铁出口商业中将火灾荷载相对较高、火灾危险性相对较大的商铺，按照每个独立的店铺单元进行消防设计分隔。为保证人员疏散的安全性和可靠性，必须至少有一个地铁车站的出入口通道内不设商铺与之相连，设在出入口通道两侧的商铺必须按照防火单元的要求进行设计。

（2）站内大物业。地铁车站的物业开发区应与地铁车站分隔，独立自成防火和疏散体系，独立划分防火分区，每个防火分区安全出口的数量不少于两个，不得利用车站的疏散系统（包括车站通道及出入口）进行火灾下的人员疏散，以确保车站的安全。站内大物业还应满足相应防火规范的要求。

2. 车站站厅上、下层物业

物业开发层与车站站厅上、下重叠设置时，应独立划分防火分区。为减小物业与车站之间的竖向连接开口尺寸，站厅与物业等开发层之间不建议采用中庭形式相通，宜采用楼扶梯组连接，并限制楼扶梯组的开口面积和设置组数，站厅与物业的连接楼扶梯不能作为安全出口使用。当物业开发层与站厅非付费区内设置楼扶梯连接时，楼扶梯开口部位应进行防火分隔，楼扶梯的洞口设防火卷帘，并由地铁与物业开发分别控制，在地铁或者物业任意一侧发生火灾的时候均能够控制防火卷帘动作，形成有效的防火分隔，防止火灾蔓延至另外一侧。

3. 站厅同层相接的物业

目前，地铁与周围同层物业之间的接口方式主要有三种：通道连接、开口连接和下沉式广场连接。具体如下：

（1）通道连接。通道连接方式是指地铁车站和周围商业通过一段通道将两者连接起来，客流通过通道往来于地铁车站和周围商业。通道连接方式的通道长度应能有效防止火灾水平蔓延。通道内不设任何可燃物，装修装饰采用不燃材料，两端均设置耐火极限不小于 3h 的防火卷帘，任意一侧接到火警以后均能控制两端的防火卷帘动作。

通道两端各设防火卷帘，可以保证在一道防火卷帘失效的情况下，地铁车站和周边商业仍然能够有效分隔。通道本身也可以作为防火缓冲隔离带，阻止火灾从地铁车站和周边商业的一侧蔓延至另外一侧。此种连接方式的消防安全性较高。但是，商业与地铁车站间接连接，对商业使用有一定影响。

（2）开口连接。开口连接方式是指地铁车站和周边商业不设置通道，通过开口直接连接起来，地铁客流可以直接通过开口进入商业。开口连接方式的接口处采用防火卷帘隔断。

商业与地铁车站直接连接，能够充分利用地铁的客流量带动周边商业。为了进一步提高车站与物业之间防火分隔的有效性，建议开口连接方式宜与"防火隔离带"结合使用。所谓"防火隔离带"是指，为有效防止火灾水平蔓延，在商业和地铁靠连接口部位分别留出的火灾蔓延阻隔区域，区域内不设任何可燃物，采用不燃装饰材料。考虑到地下的"防火隔离带"的空间高度较低，应在"防火隔离带"内设置自动喷水灭火系统，采用快速响应喷头并加密布置，降低火灾和烟气的温度和浓度。

（3）下沉式广场连接。下沉式广场连接方式，是指通过下沉式广场将地铁车站和周围商业连接在一起，客流以下沉广场作为过渡区，来往于地铁车站和周围商业。下沉式广场可起到阻隔火灾蔓延和人员疏散的作用：在地铁车站和周边商业任意一侧发生火灾之时，利用下沉式广场良好的开敞条件，阻止火灾和烟气蔓延至另一侧；同时，地铁和周围商业的人员亦可通过下沉式广场集散过渡疏散至地面安全区域。虽然各规范和标准对下沉式广场（或者开敞式隔离区）要求不尽相同，但均要求下沉式广场应有一定的面积大小、开敞比例和疏散宽度，以防止火灾蔓延，避免烟气聚集，保证人员安全疏散。

三、地铁车站的安全疏散设计

地铁客流量大、人员集中，属于人员密集场所，空间封闭、疏散出口数量和宽度有限、逃生难度大。发生火灾后，极易发生人员群死群伤事故。通过研究和探索地铁火灾时的人员疏散，优化改进地铁车站的安全疏散设计，有利于提高地铁火灾事故中人员疏散的安全性，形成更安全、更行之有效的应急疏散预案，指导和改进安全疏散指挥和管理方法。

（一）安全疏散的原则

车站的站厅、站台、出入口通道、人行楼梯、自动扶梯、售检票口（机）等部位的通行能力，应按该站远期超高峰客流量确定，保证人员疏散的通畅性。当站台层发生火灾时，车站站台至站厅或其他安全区域的疏散楼梯、扶梯和疏散通道的通过能力，应保证一列进站列车所载乘客及站台上的候车乘客能在 6min 内全部疏散至站厅公共区或其他安全区域。当站厅层发生火灾时，应保证站厅层公共区全部乘客能够安全地疏散至地面安全区域。

（二）安全出口与疏散通道

地铁车站出入口的设计应兼顾正常时候的进出站客流和应急疏散的需

要，并注意以下要点：

（1）车站应设置不少于 2 个站台通往站厅公共区的楼扶梯组，或者直通安全区域的出入口。为了避免楼扶梯组或者出入口之间距离过近，导致 2 个楼扶梯组或者出入口同时失效，楼扶梯组或者出入口的间距不应小于 10m。站台计算长度内任一点距离通道口或者梯口的距离不大于 50m。

（2）侧式站台车站的两侧站台有轨行区相隔，疏散相对独立，因此，每侧站台不应少于 2 个通往站厅公共区的楼扶梯组，或者直通安全区域的出入口。

（3）地下车站有人值守的设备和管理用房区域，安全出口的数量不应少于 2 个，其中 1 个安全出口应为直通地面的消防专用通道；对地下车站无人值守的设备和管理用房区域（指常住人数不超过 3 人的防火分区），应至少设置一个与相邻防火分区相通的防火门作为安全出口。

（4）地铁车站设备、管理用房区安全出口及楼梯的最小净宽为 1m，单面布置房间的疏散通道为 1.2m，双面布置房间的疏散通道为 1.5m。附设于设备及管理用房的门至最近安全出口的距离不得超过 35m，位于尽端封闭的通道两侧或尽端的房间，其最大距离不得超过上述距离的 1/2。

（5）与车站相连开发的地下商业等公共场所，其安全出口应与地铁车站的疏散相独立，通向地面的安全出口应满足规定。

（6）地下车站出入口宜设置一定面积的集散场地，避免人员在出入口位置形成堵塞，影响人员疏散。与地面建筑或通风排烟风亭合建时，应考虑地面建筑或风亭排烟对出入口的影响。

（7）地下出入口通道力求短、直，通道的弯折不宜超过 3 处，弯折角度宜大于 90°，地下出入口通道长度不宜超过 100m，超过时应采取能满足消防疏散要求的措施。

（三）疏散控制策略

根据地铁车站的建筑形式和起火位置，其疏散策略如下：

（1）站厅层设于站台层之上的地下车站。站厅公共区发生火灾时，打开所有自动检票口和所有栏栅门，通过显示声讯（应急广播与电视监控）和服务人员等措施引导站厅层的人员疏散至地面安全区域，同时阻挡地面乘客不再进入地铁，已进入的即刻返回。站台的人员通过到站列车疏散至相邻车站。

站台公共区发生火灾时，打开所有自动检票口和所有栏栅门，通过显示声讯（应急广播与电视监控）和服务人员等措施引导站台公共区的人员疏散至相对安全的站厅层，再疏散至地面安全区域，同时阻挡地面乘客不再进入地铁，已进入的即刻返回。

站台轨行区发生火灾时，停车侧自动打开所有滑动门（如有故障即刻打开应急门）。打开所有自动检票口和所有栏栅门，通过显示声讯（应急广播与电视监控）和服务人员等措施引导站台轨行区列车内的人员和站台公共区的人员疏散至相对安全的站厅层，再疏散至地面安全区域。同时阻挡地面乘客不再进入地铁，已进入的即刻返回。

（2）站厅层设于站台层之下的地下车站。当站厅层火灾时，位于站厅层乘客直接往地面疏散，并将设于站厅通往站台层所有楼扶梯梯口的防火卷帘降至底部，滞留在站台的人员乘列车往下一站疏散；当站台层火灾时，站台层乘客经下一层站厅层往地面疏散。

（3）地下一层侧式站台车站。当轨行区或侧式站台火灾时，两侧的侧站台乘客均往地面疏散。

（4）站厅层设于站台层之下的高架车站。当站台层火灾时，乘客通过站厅层向天桥疏散，或直接向地面疏散。当站厅层火灾时，站厅层乘客往天桥或地面疏散。滞留在站台的乘客通过安全门的端门往区间纵向疏散平台疏散或通过列车往下一站疏散。

（5）站厅层设于站台层之上的高架车站。当站厅层火灾时，可通过天桥或者直接往地面疏散。当站台层等候区或者轨行区发生火灾时，如站台层满足自然排烟条件时，站台层乘客（含列车乘客下到站台）可经上层站厅疏散至地面和利用区间疏散平台疏散。当不满足上述条件时，乘客可利用设于站台公共区两端的防烟楼梯间，往上层站厅层疏散至地面和利用站台安全门的端门往区间纵向疏散平台疏散。

四、地铁车站的防排烟系统

大部分地铁车站位于地下，空间相对封闭，对外开口少，如果发生火灾，将产生大量的烟气聚集，对人员的安全疏散造成威胁，也会给灭火救援工作带来巨大的困难和危险性。因此，地铁车站的防排烟系统在整个消防系统的设计当中具有重要的地位。一方面，排烟系统将起火区域的烟气排除，为起火区域的人员疏散创造一个安全的环境；另一方面，通过抽吸作用在起火区域形成负压，在开敞楼扶梯口形成下行风速，保证楼扶梯的安全性，并抑制火灾和烟气上行蔓延至其他区域，由此达到与防火分隔相同的功能。

（一）系统设计要求

地铁车站通风排烟系统包括：车站公共区的通风排烟系统（一般简称"大系统"）和管理用房及设备用房的通风防排烟系统（一般简称"小系统"）。车站公共区的防排烟系统负责排出站台层和站厅层公共区的烟气，并控制烟气不得向起火层之外的其他防火分区和相邻上、下楼层蔓延。管理用房及设备用房的防排烟系统设置范围包括：同一个防火分区内的地下车站设备及管理用房的总面积超过200m²，或面积超过50m²且经常有人停留的单个房间；最远点到地下车站公共区的直线距离超过20m的内走道；连续长度大于60m的地下通道和出入口通道。

由于地铁车站的空间较为紧张，通风空调及防排烟系统的可用空间有限，因此，实际地铁车站中一般将火灾工况下的防排烟系统和正常工况下的通风空调系统合用，通过设备工况转换和阀门启闭，确保通风空调系统能够在火灾发生时转换为防排烟系统，有效排出起火区域的烟气，并保护通风空调系统和设备不会受到火灾和烟气的影响，合用系统应采用可靠的防火措施，以防止火灾和烟气通过系统管道蔓延范围扩大，还应具备火灾工况下的快速转换功能，确保系统尽快进入排烟模式。

地铁车站空间相对封闭，在没有补风的情况下，烟气难以有效排出。地铁车站公共区通常采用自然补风的方式进行补风。通过连接地面的出入口对站厅公共区补风，通过连接站台层和站厅层的楼扶梯口下行风流对站台公共区补风。当地下车站设备及管理用房、内走道、地下长通道和出入口通道设置机械排烟时，排烟区域的补风量不应小于排烟量的50%。

地下车站公共区和设备及管理用房的排烟设备，应保证在250℃时能连续有效工作1h；地面及高架车站公共区和设备及管理用房的排烟风机应保证在280℃时能连续有效工作0.5h。烟气流经的辅助设备应与风机耐高温等级相同。

排烟口的风速不宜大于10m/s。当排烟干管采用金属管道时，管道内的风速不应大于20m/s，采用非金属管道时不应大于15m/s。通风与空调系统风管应设置防火阀的部位包含：穿越防火分区的防火墙及楼板处；每层水平干管与垂直总管的交接处；穿越变形缝且有隔墙处。

（二）防排烟

1. 排烟风机

排烟风机是地铁烟气控制的主要设备，地铁系统一般采用专用的轴流风机，主要部件包括叶片、电机、风机机壳、轮毂、轴承、电机支撑等，其特点是风量大、风压高、效率高、可逆转、切换时间短、抗腐蚀性强、运行可靠、耐高温、防喘振、安装方便、运行平稳等。轴流风机的工作原理是：当叶轮在电机带动下旋转时，空气从风机进风口轴向吸入，叶轮上叶片的旋转推力对空气做功，使得空气能量增加并沿风机轴向流动排出。地铁车站排烟涉及的风机主要包含以下类型：

（1）大系统排烟风机。车站大系统排烟风机设于车站两端机房或者设备层内，用于排除站厅和站台公共区的烟气。

（2）小系统排烟风机和补风机。车站小系统排烟风机和补风机设于车站两端机房或者设备层内，排烟风机用于排除车站管理用房和设备用房区域的烟气，补风机用于对该区域补充不小于50%排烟量的新风，避免出现负压过大导致排烟效率下降。

（3）隧道风机。隧道风机设于车站两端的专用通风机房内，用于区间隧道、站台轨行区的通风排烟，还可作为增强车站排烟能力，提高站台和站厅公共区之间楼扶梯口下行抑烟补风风速的加强措施。

2. 风阀

由于地铁通风排烟系统比较复杂，正常通风空调系统与火灾工况下的排烟系统是合用的，在发生火灾时根据起火位置的不同，需要通过一系列的风机运转方式和风阀启闭，将正常通风空调模式切换到排烟模式。这对地铁通风空调排烟系统的风阀可靠性、耐用性、安全性提出了很高的要求。

地铁系统的风阀根据动作方式不同，可分为调节阀和防火阀。调节阀分为单体风阀和组合风阀，通过电动或者手动调节方式，调整风阀叶片的启闭和开启角度来调节风量；防火阀通过温度熔断器自动关闭，或者通过手动、电动控制关闭风阀叶片的方式，阻止火灾和烟气蔓延。

（1）单体风阀。单体风阀主要由阀体、叶片、传动机构、执行器等部分组成，用于车站内大、小系统相对截面不大的风道或风管上，调节送风量或排风量，采用手动或者电动调节方式。

（2）组合风阀。组合风阀主要由风阀底框、多个单体风阀、传动机构、执行器四个部分组成，用于区间隧道通风系统、站内隧道通风系统和车站大系统调节送风量或排风量，采用电动调节方式。其电动执行机构应具有远距离电动控制和现场手动控制功能、机械和电气两种限位装置、延时报警功能，并应设置接线盒。电动执行器和风阀转轴的连接方式，应设有能有效的防止打滑措施。根据地铁特点配置的执行机构，要有灵活、防锈、耐用处理方案和维护要求。

（3）防火阀。防火阀主要由阀体、叶片、温度熔断器、传动机构、执行器等部分组成。地铁通风空调系统风管上设置三类防火阀：防火阀（70℃）、防火阀（280℃）、防烟防火阀（70℃）。

第一，防火阀（70℃）。防火阀（70℃）的工作特点是：常开、70℃熔断关闭和手动关闭、手动复位、输出开关电信号，在一定时间内能够保持耐火稳定性和耐火完整性，阻止火灾和烟气在风管内蔓延。其设置位置：大、小系统非排烟风管穿越公共区与设备区防火隔墙处、楼板处、通风空调机房隔墙处、变形缝处（如变形缝处有隔墙则风管两侧均应设置，如变形缝处无隔墙则风管两侧均不设置），小系统送、排风管穿过非气体保护房间的各种配电房、控制室隔墙处。

第二，防火阀（280℃）。防火阀（280℃）的工作特点是：常开、280℃熔断关闭和手动关闭、手动复位、输出开关电信号，在一定时间内能够保持耐火稳定性和耐火完整性，阻止火灾和烟气在风管内蔓延。其设置位置：大、小系统排烟风管穿越公共区与设备区防火隔墙处、楼板处、通风空调机房隔墙处、变形缝处（如变形缝处有隔墙则风管两侧均应设置，如变形缝无隔墙则风管两侧均不设置），小系统排烟风管穿过非气体保护房间的各种配电房、控制室隔墙处。站内隧道通风系统末端管路接入排热风室隔墙处。

第三，防烟防火阀（70℃）。防烟防火阀（70℃）的工作特点是：常开、70℃熔断关闭、手动关闭和24V电信号关闭、手动复位、输出开关电信号类防火阀。其设置位置：服务于一次回风系统的回风管上以及气体保护房间小系统风管穿过该房间的隔墙处。

防火阀必须靠墙（楼板）安装且离墙（楼板）距离不能超过200mm，设置有防火阀的风管在离墙（板）2m范围内应采用非燃材料保护，厚度为30mm；防火阀与墙（板）间200mm范围内风管应采用2mm厚钢板制作。防火阀不能安装在风口上。防火系列阀门只作防火隔断用，不作风量调节用，如果安装防火阀的风管有风量调节需要，必须安装手动风量调节阀。所有防火阀均由FAS监视其开/关状态。

五、地铁车站的消防给水及灭火系统

地铁火灾发生后，为了将损失降到最低限度，必须采取有效的灭火方法。常见的灭火方式主要有两种：一是人工灭火，即动用消火栓、灭火器等器械进行灭火；二是自动灭火，分为自动喷水灭火系统和固定式喷洒灭火剂系统两种。下面介绍地铁车站中常用的灭火系统：

（一）位置的设置要求

地铁车站以下位置需要设置消防灭火系统：在车站站厅层、站台层、超过20m长的通道、设备管理用房等区域设消火栓系统。在车站附属超过500m²的地下商场、地下公交车站等物业开发的地方应设置闭式自动喷水灭火系统。在重要的电气设备用房设气体灭火系统。在车站站厅层、站台层、设备管理用房等设手提式灭火器。

（二）地铁消防给水系统

地铁车站的消防给水水源应优先采用城市自来水，当沿线无城市自来水时，应和当地规划部门协商，采用其他可靠的消防给水水源。当城市自来水的供水量能满足生产、生活和消防用水的要求，而供水压力不能满足消防用水压力时，应和当地消防及市政部门协商设消防泵和稳压装置，不设消防水池；当城市自来水的供水量和供水压力能满足生产和生活用水，而不能满足消防用水量要求时，则应设消防泵、稳压装置和消防水池；自动喷水灭火系统应采用独立的给水系统，不应和生产、生活及消火栓给水系统共用。

车站水灭火系统采用消火栓给水系统，地铁车站和区间隧道应形成环状消防供水管网消防用水量标准为：地下车站消火栓用水量按 20L/s 计算；消火栓火灾延续时间按 2h 计算。消防用水量应按车站或区间在同一时间内发生一次火灾时的室内、室外消防用水量之和计算。地铁建筑内设有消火栓、自动喷水等灭火系统时，其室内消防用水量应按同时开启的灭火系统用水量之和计算。当地铁车站必须设消防泵和消防水池时，消防水池的有效容积应满足消防用水量的要求。当补水有保证时，消火栓系统的用水量可减去火灾延续时间内连续补充的水量。

消火栓水枪充实水柱采用 10m，消火栓箱的布置应满足任何部位都能有两股充实水柱同时到达，车站站外消防引水管上安装地上式消防水泵接合器，并在其 40m 范围内有配套的室外消火栓。

(三) 地铁水灭火系统

水灭火系统是地铁车站扑灭火灾的主要灭火系统之一。地铁水灭火系统由车站水灭火系统、区间隧道水灭火系统和地铁车站商业区自动喷水灭火系统组成。

按照相关规范要求，在车站附属超过 500m² 的地下商场、地下公交车站等物业开发的地方应设置闭式自动喷水灭火系统。在消防排水方面，应在车站最低点及区间线路最低点各设废水泵房集水池，池内设有潜水泵以排除消防废水。

(四) 地铁气体灭火系统

气体灭火系统的保护范围：车站的通信设备室、信号设备室、综合监控设备室、屏蔽门控制室、变电所的整流变压器室、开关柜室、控制室、上网隔离开关柜室、AFC（自动售检票系统，Auto Fare Collection）设备维修室、环控电控室、主变电所主变室、控制室、滤波装置室及电缆夹层等。

气体自动灭火系统一般由管网系统、报警控制系统组成。气体管网系统由灭火剂储瓶、启动氮气瓶、启动装置、高压软管、安全阀、单向阀、减压装置、选择阀、压力开关、管道、喷头等组成。地铁车站的气体自动灭火系统一般具有火灾报警和自动灭火功能。在地铁正常运营时，由火灾自动报警系统监视防护区的火警状态；在发生火灾时，能自动报警和按预先设定的控制方式启动管网系统通过喷头释放灭火剂，迅速扑灭防护区内的火灾。

（五）站内灭火器设置

对于地铁车站内未设置自动灭火系统的区域，用手提式灭火器是快速扑灭地铁初期火灾的最好手段。一般在站台层、站厅层、设备及管理用房及列车上按照相关规定配置一定数量的手提灭火器。手提灭火器配置场所的危险等级按严重危险等级确定，站厅、站台层公共区按 A 类火灾计算；设备区及气体保护房间按 B 类火灾计算，并宜选用 CO_2、磷酸铵盐干粉灭火器。

第三节　地铁火灾的防控技术及发展

"近年来，随着城市化进程的加快，地铁逐渐成为市民出行的重要交通工具之一，但是由于地铁封闭式特点，一旦发生火灾，极易造成重大群死群伤事故。"[1] 地铁系统一般处于地下，具有空间封闭、与外界联系口部少、排烟困难、人员密度大、疏散困难、灭火救援难度大等特点，随国内城市大量开展地铁工程的建设，在消防设计方面暴露出越来越多的问题需要解决，有必要展开相关的研究。

第一，大型换乘车站火灾防控技术。随着城市地铁规划建设逐步完善，地铁线路越来越多。为了方便人们的出行换乘要求，各条线路之间的交叉越来越多，换乘车站也随之增多。一个换乘车站同时有 2 条甚至多条线路经过换乘，导致车站的规模远超普通的标准站，带来防火分隔、烟气控制、人员疏散等方面的问题，有必要开展相关的研究。

第二，地铁车站与物业的防火分隔问题。城市地铁的发展为沿线带来

---

① 范恩强. 地铁火灾预防及灭火救援对策分析 [J]. 今日消防，2020，5（9）：60.

了庞大的客流,推动了与之相关的地铁商业圈的兴盛与繁荣。为了吸引地铁客流,商业会想尽各种办法与地铁车站相接,由此产生各种类型的连接方式。由于商业的火灾荷载和危险性大大高于地铁,连接口部的防火分隔处理不慎可能会变成火灾和烟气的蔓延通道,如何有效防止火灾和烟气在地铁和物业之间蔓延,有必要开展相关的研究。

第三,地铁车站的自动灭火系统技术。车站内是否设置自动喷水灭火系统,是目前业内的一个争议点,在国内外均有不同的观点。

支持者认为:自动喷水灭火系统有遇火自动启动的特性,能在第一时间扑灭火灾;它具有灭火、降温、除烟的作用,能充分减小高温烟气的危害;国内地下商业空间内均考虑设置自动喷水灭火系统,作为人员密集的地铁车站,更应该设置。

反对者认为:地铁车站的自动化程度高,可燃物主要是电气设施设备,自动喷水灭火系统动作以后,会造成车站运营系统瘫痪,造成更大的财产损失,对城市交通秩序造成重大影响;在灭火降温的同时,还造成了地面湿滑,对人员疏散极为不利,且会把原本上升的烟气下压,可能对人造成更大的危害;地铁内部的顶棚、墙面、地坪的装饰材料均为 A 级材料,车站公共区内的广告灯箱、休息椅、电话亭、售(检)票机等固定服务设施的材料采用的是低烟无卤的阻燃材料,相比地下商业空间可燃物要少得多,不可与地下商业空间同一而论。在目前的情况下,较难判断设置自动喷水灭火系统的优劣性,有必要开展相关研究。

第四,长区间隧道的烟气控制及人员疏散。在两个车站之间的间距较大的情况下,其间的区间隧道长度较长,在列车运行高峰时期,可能会发生两列列车出现在同一区间隧道的情况。通常的做法是在长区间隧道设置通风竖井,确保每个通风段内只会出现一列列车。但毕竟两列列车是在同一区间隧道,通风竖井是否能够完全消除一列列车起火产生的烟气对另外一列列车的影响,两列列车的人员疏散如何组织,均值得开展相关研究。

第五,车辆段停车场的火灾防控和物业上盖问题。车辆段和停车场由于功能的需要,往往面积比较大,内部防火分隔困难,部分车辆段和停车场还设在地下,从经济性和合理性角度来看,防火分区面积、人员疏散、排烟系统设计等难以完全满足现行规范的规定,有必要开展相关研究。

目前，车辆段和停车场之上往往还建有住宅、商业等建筑，由此导致整个建筑的定性会存在问题。车辆段和停车场之间的防火分隔措施、消防扑救等现行规范也未做相关规定，有必要开展相关研究，填补规范的空白。

第六，地铁列车火灾防控技术。地铁列车人员密度极大，空间狭小且封闭，发生火灾以后疏散极其困难。因此，地铁列车的不燃化设计处理、通风排烟设计、自动灭火系统可行性验证，对于降低地铁列车火灾危险性，提高乘客疏散的安全性具有重要意义，有必要开展相关研究。

第五章 城市交通隧道的火灾救援与防控

近年来,伴随着我国铁路事业的跨越式大发展,城市轨道交通也取得了长足的进步,同时城市交通隧道作为半封闭空间,在发生火灾后,若隧道的防灾救援措施不及时,可能会对人员的生命造成严重的危害。本章主要探究城市交通隧道的火灾及救援、城市交通隧道的防火设计、城市交通隧道的消防安全防控。

第一节 城市交通隧道的火灾及救援

一、城市交通隧道的火灾

(一)城市交通隧道火灾的起因

"由于城市公路交通隧道能够疏散城市地面交通、减少道路用地,其建设数量和规模随着城市的发展日益增加。城市交通隧道最主要的灾害是火灾。"[①] 城市交通隧道中供非机动车和人员通行的隧道基本无可燃物,火灾发生概率非常低。而供机动车辆通行的隧道其功能是满足汽车通行,因此汽车起火(包括交通事故时起火)是引起隧道火灾的主要原因。火灾的起因主要包括以下内容:

(1)交通事故引发火灾。交通事故导致的隧道火灾在所有火灾中所占比例在20%以上。隧道内空间相对狭小,隧道能见度低,司机容易产生边墙效应等心理问题,极易发生车辆之间、车辆与隧道及隧道设施相撞或擦刮,

---

① 李炎锋,李俊梅,刘闪闪.城市交通隧道火灾工况特性及烟控技术分析[J].建筑科学,2012,28(11):75.

发生交通事故导致火灾；隧道内车辆超速行驶和超车也容易发生交通事故而引发火灾；特别是隧道内货车行驶速度较慢，若后面车辆速度较快，遇到前方出现问题突然刹车就会发生追尾事故。交通事故引发火灾的因素很多，有人为因素，也有非人为因素，主要包括以下方面：

第一，驾驶员自身因素。驾驶员可能因酒后驾车、精神疲劳、身体不适等因素，而有精神不振、昏昏沉沉打瞌睡等情形而导致车辆失控，发生事故。

第二，车辆故障引发交通事故。车辆故障与车辆自身故障引发火灾不同，这里分析的原因是车辆本身并未由故障直接产生火灾，而是由于车辆发生了刹车失灵、转向故障、助力问题等技术故障而导致交通事故后引发火灾，此时火灾属于次生火灾。

第三，隧道环境因素。由于隧道内道路比较窄，一般很少有硬路肩，这使得行车的有效宽度减少，此外能见度较差，情况比较复杂，容易发生车辆与车辆之间、车辆与隧道相撞或擦刮，发生交通事故导致火灾。进口处事故多发，也是隧道交通事故的一大特点，特别是雨天造成隧道口湿滑，更是危险。

第四，运营管理因素。由于隧道是相对封闭环境，尘埃和车辆排出的废气沉积在路面上，长期得不到雨水冲洗、阳光暴晒，降低了路面的摩擦系数，管理单位没有及时清洗路面造成事故；隧道内能见度差在很大程度上也是由于养护不到位，照明灯具擦洗次数和频率不够；管理单位在进行养护维修作业时封闭部分车道，造成事故等。

（2）车辆自身故障引发火灾。车辆自身故障引发火灾的主要原因是车辆引擎及电气线路短路起火、汽化器起火、载重汽车传动系统起火、车辆机件摩擦起火、车辆漏油等引发火灾等。

（3）车辆上的货物引发火灾。隧道内有各种车辆通过，它们所载的货物有可燃的或易燃的物品，遇明火或高温及路面跳动货物摩擦会发生燃烧或自燃。车辆装载货物在隧道火灾中扮演了重要的角色，货物类别决定火灾的发展速度和火灾规模，易燃易爆货物更易造成较大的火灾。这些是由于所载货物属于易燃物造成的，但也有货物的装载方法不当，对货物在运输过程中可能出现的情况考虑不周造成的，也有管理问题，但隧道火灾的最初形成原因是由装载货物起火的情况不是很多。

（4）隧道内设备老化及故障引发火灾。随着隧道长度的增长，隧道的安全要求越高，隧道内电气设备增多，增加了电气起火的发生频率。隧道的设计使用年限一般都较长，并且隧道内一般都阴暗、湿度大、灰尘大。在隧道使用期间，电气和线路设备容易老化和发生故障，再由隧道内设备检修维护水平相对较差，因此容易导致火灾的发生。

（5）人为因素引发火灾。纵火、乱扔烟头等人为因素也是诱发隧道火灾的重要原因之一。此类火灾多发生在城市隧道或城市地铁隧道中。

（二）城市交通隧道火灾的分类

根据隧道火灾的起因和物质燃烧的特性分析，隧道可能发生的火灾种类大致有 A、B、C 和 E 四类。A 类指汽车装载的可燃固体燃烧的火灾或常温下呈半凝固状态的重油燃烧的火灾；B 类指汽车装载的可燃液体燃烧的火灾或汽车本身的油箱燃烧的火灾；C 类指汽车运载的可燃气体燃烧的火灾；E 类为带电物体燃烧的火灾，其中以汽车相撞引发的 A、B 类火灾最为常见，城市交通隧道火灾通常只考虑 A、B 类火灾。

按火灾规模分类。一般隧道火灾按规模分为三种：小型火灾为一辆小客车着火（60L 汽油）；中型火灾为一辆货车着火（150L 汽油）；大型火灾为两辆货车相撞着火（300L 汽油）。相应上述火灾规模的热量功率量级：小型火灾为 3MW、中型火灾为 20MW、大型火灾为 50MW。城市交通隧道由于主要通行车辆为小客车，所以其火灾规模通常只考虑 1~2 辆小客车着火。

（三）城市交通隧道火灾的特点

城市交通隧道内空间小、道路狭窄、通风条件差，一旦发生火灾，火势蔓延速度快，易造成人员伤亡和较大经济损失。其火灾具有以下特点：

（1）随机性大。隧道火灾发生的时间、地点、规模、形式等都具有很大的随机性。

（2）火情发展快。隧道内的管道、风道等结构特性都十分有利于火势的蔓延，若在发生火灾时未能及时控制通风管道、风道，则火势蔓延速度会更快。隧道发生火灾因燃烧产生的热量不易散发，使隧道内温度急剧上升，在通风气流作用下，炽热的烟气有可能把烟气流经沿途的可燃物体加热直至引燃，以致引起火灾发生"跳越"式蔓延。

（3）烟雾大、温度高。火灾时发烟量主要与可燃物物理和化学特性、燃烧状态和供氧等条件有关。由于隧道自然通风条件差，除出入口直接对外，基本无其他对外出口，即使设有机械通风系统也不可能使隧道内空气环境与隧道外一样。且隧道基本处于密闭状态，隧道通风不良，火灾发生时隧道中空气不足，多发生不完全燃烧，发烟量较大。若没有有效的排烟设施，火灾烟气会快速积聚又难排出，则可能导致发生火灾时隧道内升温较快，并产生较强的热冲击。

（4）疏散困难、易造成群死群伤和重大经济损失。城市交通隧道发生火灾时一般无法利用自然光进行照明，主要依靠事故照明和疏散指示标志来指示疏散路线和方向，火灾时产生的大量烟气使能见度急剧下降，加之隧道横截面小，疏散距离较远，不仅人员疏散困难，而且由于车辆交通阻塞的影响，车辆疏散也十分困难。由于人员和车辆的疏散困难，加上火场温度高，高温持续时间长，易造成火烧连营之势，导致群死群伤和重大经济损失。

（5）火灾扑救难度大、对施救部门的要求高。城市交通隧道由于空间相对封闭，发生火灾后温度高，易对隧道的结构造成破坏，隧道拱顶随时有烧塌崩落的危险。同时在浓烟、有毒气体、狭窄通道和滞留车辆的阻碍下，大型消防设备及灭火人员难以第一时间接近火源，加之隧道内通信设备受干扰较大，使扑救人员和地面指挥通信联系不便，这些都给灭火救援增添了巨大困难。此外，城市交通隧道火灾一般由消防、交警、医疗等多部门联合施救，火灾现场人员、车辆众多，情况复杂，对各施救部门的分工、协调和统一指挥要求很高。在城市交通隧道火灾中由于火灾处置不当、各部门分工协调不到位等也有可能导致灭火救援失败，甚至引发二次灾害事故。

（6）危害性大。由于隧道火灾发展速度快、扑救困难，在城市交通隧道火灾中，除造成隧道内人员和财产损失外，还可能使城市交通中断而引发较大的社会影响。

二、城市交通隧道的救援

随着中国城市的机动化，城市居民汽车保有量不断增加，引发了大量交通需求。为了改善交通环境，各主要城市大力发展地下公路隧道。在城市地面交通发展空间有限的情况下，逐步向地下发展在很大程度上缓解了城市的交通压力。但是随着城市下穿隧道的不断增加，隧道里发生事故也不可避免。由于城市公路隧道是封闭的环境，又比较狭长，疏散比较困难，救援难度比较大，所以如何快速有效地实施救援至关重要。

（一）救援体系的建立

要使救援快速、高效地进行，必须建立完善的救援体系，各个部门明确自己的责任，对灾害做出快速反应。救援体系可以分为三级，分别为救援指挥部门、救援协调部门及救援执行部门。

（1）救援指挥部门。救援指挥由各专家领导组成，负责决定救援过程，指挥、协调应急行动。直接监察应急操作人员的行动；采取措施，以最大限度地保证现场人员及相关人员的安全，指示设施设备停工与否；在隧道事故现场内实行交通管制，决定应急撤离，确保任何伤害者都能得到足够的重视；在事故调查清楚并定性的条件下，宣布紧急状态的结束，尽快清理现场，恢复交通；负责上报事故有关情况。

（2）救援协调部门。救援协调的工作在于协助指挥部门完成应急救援的具体指挥工作，负责危险源的确定及潜在危险性的评估；发生重大事故时，协助做好事故报警、情况通报及事故处置工作。

（3）救援执行部门。救援执行部门负责具体的救援工作，分为事故救援组、现场控制组、事故调查组和善后处理组。

①事故救援组。

a.负责事故抢救、救援指挥和方案决策，包括组织事故调查组、现场救援组、善后处理组，协调各组和地方事故处理部门的关系及对外报道事故救援情况等。一旦发生重特大事故，领导小组应在12h内组织有关人员赶赴事故现场，组织事故抢险、救援和协助公安机关进行调查。

b.协调有关部门的救援行动，及时报告救援进展情况；寻找受害者并转移至安全地带；引导人员从安全通道疏散。

c.调集抢险器材、设备，及时提供后续的抢险物资；保障系统各组织人员所需防护、救护用品及生活物资的供应；解决抢救人员的食宿问题。

d. 确保人员的安全和减少财产损失，安排寻找受伤者及安排与救援无关人员撤离到指定的安全地带；与应急救援中心通信联络，为应急服务机构提供建议和信息。

②现场控制组。

a. 主要组织抢险与救护伤员和保护事故现场。抢救伤员需移动现场时必须设立标记，并迅速报告事故处理机关，确保伤员得到有效救治和事故调查取证工作的顺利开展。

b. 根据事故现场的特点，及时向应急小组提供技术方案，指导抢险组实施应急预案和措施；绘制隧道事故现场平面图，标明重点部位；向外援机构提供准确的救援信息。

c. 设置事故现场警戒线，维持治安秩序；引导抢救人员及车辆的进入；保持救援通道的通畅；保护事故现场，避免闲杂人员围观。

d. 在外部救援未到达前，对受伤者进行必要的抢救，如简易的抢救和包扎；及时协助外部机构转移重伤人员至医疗机构，并指定人员护理受害者，使受伤者优先得到救援。

③事故调查组。按照"四不放过"的原则，主要进行事故灾害的调查处理，以便弄清情况、查明原因、分清责任、吸取教训、采取措施、改进工作，并使领导和职工群众从中受到教育，防止同类事故再次发生。

④善后处理组。负责伤员的救治，获取伤员的伤害程度、诊断报告及死亡证明，负责伤亡人员家属接待和死亡人员的丧葬工作等；做好遇难者家属的安抚工作，协调落实遇难者家属抚恤金和受伤人员住院费问题，负责保险索赔事宜的处理。

(二) 火灾紧急救援对策

城市公路隧道由于车祸或自然灾害等方面的原因，最容易发生的灾害有火灾、有毒气体泄漏及塌方。在救援过程中，必须遵循"救人为先"的原则，以抢救人员的生命为首要任务来制订救援计划。

火灾是隧道内较常见的灾害，引起的原因也很多。隧道火灾具有烟雾大、升温快的特点，扑救隧道火灾要按照"先控制，后灭火；救人重于救火；先重点，后一般"的原则。

（1）开启隧道内所有的照明系统和通道便于人员疏散。

（2）按照火灾模式下，通风组织开启隧道内相应的风机进行通风，防止烟雾逆流。

（3）专业消防队到来后根据火势、位置、范围及火源性质等实际情况迅速拟订灭火计划，选用合适的灭火设施进行灭火。其中：A类固体可燃物火灾选用水型、泡沫、磷酸铵盐干粉、卤代烷型灭火器；B类油品类火灾，如石油类、油漆类、动植物油类、有机溶剂类等可燃性液体火灾选用干粉、泡沫、卤代烷、二氧化碳型灭火器；C类电器火灾，即电压配线、电动机器、变压器等电气设备所引起的火灾选用干粉、卤代烷、二氧化碳型灭火器；D类金属火灾，指由钾、钠、镁、锂等可燃性金属及忌水性物质所引起的火灾应选用卤代烷、二氧化碳、干粉型灭火器。

（4）火灾扑灭后对隧道进行评估，确定是否能继续使用。若不能，则关闭隧道，进行维修；若能，则由交警部门和公路管理部门进行现场勘察，共同研究决定隧道的交通控制模式。

第二节　城市交通隧道的防火设计

由于城市交通隧道车流量大、火灾风险高、出入口多、埋深大、坡度大，且现有规范中的防火设计存在局限性，在城市交通隧道防火安全设计中，使用传统的设计方法难以完全保证隧道防火系统的安全性和可靠性，因此寻求城市交通隧道防火的新设计方法十分必要。加强隧道火灾的救援、结构防火、探测和灭火等都是城市交通隧道的重点研究方向。

一、城市交通隧道的性能化防火设计

性能化设计方法是建立在消防安全工程学基础上的一种新型建筑防火设计方法，在城市交通隧道火灾安全设计中的应用，可根据隧道的结构和内部可燃物等具体情况，由设计者依据城市地下交通隧道的个体条件，自由地选择各种火灾安全设计方案，并将其有机地组合起来，构成该隧道的总体火

灾安全设计方案，然后利用安全工程学的原理和方法，对火灾的危险性和危害性进行定量的预测和评估，从而得出最优化、合理经济可行的火灾安全设计方案，为城市地下交通隧道提供更加合理的火灾安全保护。

性能化设计，先考虑的是地下交通隧道具体项目的特征，包括隧道的几何参数、车流、通行车辆种类等；然后从实际情况出发确定该隧道中可能出现的火灾载荷和隧道火灾规模，根据项目特点设计排烟系统、人员疏散、报警及结构耐火性等，并通过采用消防安全工程学原理和方法对设计方案进行分析和评价，以设计的判定标准对性能化设计是否满足要求进行判断。

在城市地下交通隧道，无论采用什么样的火灾安全设计方法，在火灾发生时，先要保证隧道内滞留人员的生命安全，确保其可以安全疏散。需要综合考虑隧道安全设施的配置情况，对事故通风防烟系统和安全疏散系统进行合理的组织。因此城市地下交通隧道性能化防火设计应解决以下关键问题：

第一，火灾场景的设置。火灾场景的设置是性能化设计的基础，只有选择了合适的火灾场景，模拟结果才能尽量接近真实情况，也才能保证性能化设计的科学性和可靠性。通过火灾场景的设置，可以明确火源的大小、烟气的产生和火势蔓延的模式，是开展性能化设计的前提条件。对于城市地下交通隧道，需考虑2辆车发生碰撞的可能，以确保隧道安全性和防火安全系统设计具有一定的安全冗余。

第二，烟气及有毒气体的扩散。在性能化设计中，无论选择什么样的通风方式，事故通风必须要满足设定的性能化目标要求。它的主要作用是为人员的安全疏散提供保证，为消防人员进入隧道灭火提供安全保证，而不再是将隧道内防火通风速度简单地按规范定为不小于 2m/s。

第三，人员疏散及避难。采用性能化设计，对人员疏散系统与隧道内烟气控制进行综合考虑。通过对人员疏散及避难的模拟，可以对隧道安全系统的作用做出评价，如果不满足疏散要求，则需要对防排烟系统的设计做出改进，对疏散出口的设置间距和设置形式做出调整，使其满足疏散要求。这样既可以避免由于疏散距离和疏散时间太长，导致人员不能及时疏散，也可避免由于过度消防而造成投资浪费。

二、城市地下环形隧道的防火设计

城市地下环形隧道的防火设计研究主要集中在隧道内的烟气流动控制和人员疏散研究。

（一）环形隧道烟气流动

地下环形隧道烟气流动研究有待解决的关键问题包括：

（1）临界风速的确定，已有的公路隧道临界风速研究大多都是针对一进一出、断面变化不大、坡度小的公路隧道通过实体或模型试验研究得到的，对采用纵向通风方式的环形隧道其临界风速需要做出修正。

（2）隧道出入口对烟气流动影响特性研究，地下环形隧道由于出入口多、坡度变化大，一旦在隧道内发生火灾，平直且坡度较大的隧道出入口容易产生烟囱效应，部分烟气将从出入口排出，成为天然的排烟口，从而影响主隧道内烟气流动。

（3）采用横向通风的环形隧道的排烟量确定等。另外地下环形隧道还具有复杂的建筑结构，在环隧的主隧道、主隧道和出入口交叉路口、出入口段、主隧道与车库连接段等位置发生火灾时，需要根据不同的火灾发生位置采取不同的排烟方案。如环隧的主隧道有的采用横向或半横向排烟方式；有些主隧道则采用多竖井送 / 排风加射流风机纵向通风的方式；而在出入口段则多采用纵向排烟方式；这些都将导致地下环形隧道内排烟模式的复杂和多样。

（二）环形隧道人员疏散

人行横通道间隔及隧道通向人行疏散通道的入口间隔，宜为250～300m。而地下环形隧道的人员疏散和其他下穿、水下城市交通隧道的疏散具有明显不同的特点，通常隧道的人员疏散采用两种疏散方式：由一孔隧道疏散至另一孔隧道；由隧道疏散至安全区域，再由安全区域的出口疏散至地面。而地下环形隧道除有较多地面的出口外，通常还设计有直通地面的疏散楼梯以及通向相邻地下车库的疏散口。所以地下环形隧道的疏散出口具有多样性、出口安全水平不一致、疏散距离较短等特点。另外考虑到地下环形隧道复杂的烟气控制模式，其人员疏散安全性不能简单地用疏散距离、疏散出口宽度等指标进行评价，所以地下环形隧道人员疏散还需进一步开展研究。

三、城市交通隧道消防设施与救援

第一，隧道防火材料的研究。隧道材料防火的研究应包括对混凝土材料耐火性能的研究，以及其他一些阻燃衬砌材料。复合式路面阻燃的研究，如防火涂漆层等。

第二，隧道附属设施的防火。附属设施的防火主要包括风机、灯具、检测设备、监控设备、供电设施的防火等。

第三，研制高效快速的灭火装备。目前此类产品已经开发出自动喷淋系统、水喷雾系统、水—泡沫喷淋灭火系统、CO_2灭火系统等。这些系统在建筑和地下停车场、油库、厂房内等应用广泛，但对隧道还不很适用。未来还需继续开展高灭火效能和环保的灭火产品研究，如细水雾灭火系统、远距离灭火装置、轻便的消防摩托车、高效快速的自行式自动灭火产品等。在隧道内设计自行式自动灭火装置的专用轨道，一旦发现火灾报警信号，该装置会自动运行到着火点附近，在火灾初期将火扑灭，可防止因火灾导致的隧道内塞车，即使消防人员不能及时赶到现场也同样可以灭火。而轻便的消防摩托车在隧道内即使车辆没有疏散也能到达现场，对尽快开展灭火救援工作也有积极的意义。

第四，隧道灾害救援体系。隧道的灾害不仅有很大的随机性，而且极具破坏性，所以为了科学防灾救灾，必须开展科学、合理的灾害救援体系的研究工作。

第三节　城市交通隧道的消防安全防控

城市交通隧道是城市交通正常运行的咽喉，其具有结构复杂、环境密闭、空间狭窄、能见度差、车辆多、车速快等特点，一旦在隧道内发生火灾，扑救非常困难，易造成重大人员伤亡和财产损失，故在隧道设计时，应贯彻"预防为主，防消结合"的方针，采取有效的防火与灭火措施，将火灾风险控制在最低，使隧道真正起到缓解城市交通、改善行车环境的作用。

一、城市交通隧道结构防火

城市交通隧道结构防火设计中，在确保疏散救援路线合理的情况下，还要保证在疏散救援时间段内隧道结构体不发生破坏，保持疏散路线的畅通。对隧道结构体的防火保护就是其防火设计中被动防火的核心。在经历多次严重的隧道火灾后，对隧道结构防火进行了大量研究，并编制了一系列规范。

城市交通隧道的构件主要为混凝土构件。混凝土结构受热后由于产生高压水蒸气而导致表层受压，使混凝土产生爆裂。且在混凝土底层冷却之后，还将出现深度裂纹。未经保护的混凝土，如果其质量含水率超过3%，在高温或火焰作用下5～30min就会产生爆裂，深度甚至可达40～50mm。从而使混凝土失去结合力，最终会一层一层地穿透整个隧道的混凝土拱顶结构，使增强钢筋暴露在高温中，产生变形，并且减少了承载结构的横截面积。通常情况下，高强度混凝土在450℃会丧失其抗压强度的40%，而在600℃其抗压强度会丧失75%，而钢材在满荷载情况下，当温度达到550～600℃时其强度就会丧失，从而垮塌。因此为保证疏散和救援人员安全，隧道结构能否耐受短时间内快速升温的热冲击和长时间的高温作用应作为隧道防火设计中首要考虑的因素。

为了在火灾时保护隧道的结构不被损害，不至于造成人员恐慌甚至伤亡，为消防救援和灭火提供必要的时间，应对隧道结构采取防火保护的措施，其目的是使隧道的钢筋混凝土结构在火灾发生时保持结构的完整和稳定，从而保证人员疏散和救援，并能减少修复费用，缩短修复时间。隧道结构防火措施分为以下类型：

第一，安装自动喷水灭火系统。自动喷水灭火系统动作时，迅速吸热降温，在短时间内便可迅速控制和扑灭火灾，其降低环境温度的作用尤其明显，对隧道结构可以起到很好的保护，也利于消防人员接近火场。

第二，设置混凝土牺牲层。该方法定用附加的混凝土作为防火牺牲层，以维持隧道结构的整体性，从而防止其在火灾中坍塌。在火灾时，随着混凝土内结合水变成水蒸气，混凝土内压力上升，由于混凝土结构致密，水蒸气不能有效散发，当压力超过其强度时，表层便出现爆裂，同时新裸露的混凝土又暴露于高温之中，从而引发进一步的爆裂，而当钢筋表面的温度超过250℃时，钢筋的强度也开始下降。当混凝土牺牲层厚度在50mm以上时，其耐火极限可达2h。

在火灾过程中，高温造成大量的混凝土剥落、爆裂，不仅炸伤了消防人员，而且还造成了疏散线路的阻塞。混凝土牺牲层的厚度较大，而耐火极限增加有限，同时由于混凝土牺牲层的设置会引起隧道内部空间的减少，从而将增加施工开挖的面积，造成投资增加。

第三，使用耐火纤维混凝土。耐火纤维混凝土品种较多，是在普通混凝土中掺加纤维材料，从而在基本维持原有强度的条件下改善混凝土的耐火性能。比较常见的是在混凝土中添加聚丙烯纤维，可以增强混凝土的耐火性能，其原理是：在火灾高温的情况下，聚丙烯纤维熔化，形成连通的微小孔洞，增加水分传输路径，使混凝土内的水蒸气顺着这些小孔排出，减小了混凝土内的压力，从而在一定程度上避免混凝土的爆裂。

使用耐火纤维混凝土，有着很多优点：隧道结构建成后，即能满足耐火要求，不需再安装防火板或喷涂料等工序，能够缩短隧道建造工期；与安装防火板或喷涂料和无机纤维等相比，开挖直径可减少8～10cm，开挖体积减小1.5%～2%，能够降低建造成本；与安装防火板或喷涂料等相比，有很好的耐久性，能够满足隧道设计年限的要求，不必再对防火措施进行更换和维修；不会造成对环境的污染，而且对隧道内管线等设备的铺设都没有影响；不会影响隧道结构运营后的裂缝观测和强度检测等。耐火纤维混凝土造价比普通混凝土略高，根据材料不同，超出5%～10%。其缺点是聚丙烯纤维燃烧后会产生有毒的气体，对人员疏散不利。

第四，粘贴隧道专用防火板材。将隧道防火板材按预定形状和截面特性粘贴在隧道表面，由于隧道防火板自身热导率低、隔热性好、耐久性强，高温时脱去一部分结晶水，减缓了隧道的温升，提高了隧道的耐火极限。板材厚度为10～50mm，耐火极限可达1～4h，且有良好的装饰效果。该类板材主要为硅酸钙类等轻质材料，由于材料轻，强度较低，粘贴施工工程烦琐，紧固螺栓稍有不慎，板材就会产生裂纹，板材的耐水性较差，工程造价较高。

如果防火板材用钢制龙骨固定，高温下龙骨会变软、熔化，板材脱落，将不能达到设计要求的防火保护的效果。由于隧道开挖形状一般多为曲线形，安装在衬砌上的板材要适应不同的曲率，不易统一产品尺寸标准，所以该方法的施工难度较大，对施工工艺要求较高。

第五，喷射无机纤维。20世纪60年代喷射无机纤维防火材料出现。喷射无机纤维是无机纤维 (硅酸铝棉、矿棉、岩棉和玻璃棉等) 应用的另一种形式。喷射无机纤维是将粒状无机纤维通过喷射施工方式，喷涂在被附着隧道衬体 (表面) 上，粒状棉与粒状棉再相互聚集形成附着在表面上有一定厚度的纤维层材料。火灾发生时具有良好的保温隔热性能，减缓了隧道的温升，提高隧道的耐火极限。厚度为 10 ~ 50mm，耐火极限可达 1 ~ 4h。

喷射无机纤维防火护层材料不含有机成分，不会出现盐析、分解、降解反应，也就不会带来与之相关的开裂、脱落等老化失效问题，而占主要成分的无机纤维本身就可以作为炉衬材料在火场中起隔热保温的作用。但是由于喷射无机纤维防火护层材料的制造工艺及设备较为复杂，施工必须使用专用的设备喷射机，这些设备目前生产厂家很少，而引进国外的生产施工设备，价格非常昂贵。

第六，喷涂防火涂料。隧道防火涂料主要由黏结剂、无机耐火填料、阻燃剂和助剂组成。其防火保护原理通过自身耐火不燃，在高温下形成釉质膜封闭基材，隔绝空气、阻隔火焰和热量，从而达到防火阻燃的目的。隧道防火涂料本身具有良好的隔热性能，它可以有效地降低混凝土的升温速率，从而可以避免混凝土的爆裂。隧道防火涂料涂层厚度为 7 ~ 10mm，耐火极限可达 1 ~ 1.5h。

二、城市交通隧道灭火配置

在国内目前的规范标准中，城市交通隧道的消防灭火系统如消火栓和灭火器等均作为基本配置。但对城市交通隧道内的自动灭火系统的设置意见不一、设置的方式也多种多样，系统功能定位模糊；现有的相关标准规范对此也没有明确的规定。城市交通隧道内一旦发生火灾，受空间狭小的限制，易造成混乱，为了人员和车辆疏散安全，必须尽最大努力将火灾控制在最小范围内，要做到这一点，需配置实用高效的灭火设施。由于隧道内火灾初期火势小、易于扑灭，此时是灭火的关键时期，必须在火灾发生初期将火扑灭，否则火势就会迅速扩大，造成巨大损失。

（一）城市交通隧道的灭火设施

城市交通隧道的灭火设施应综合考虑隧道内的交通组成、隧道用途、自然条件和长度等因素设置。通常根据隧道长度把隧道分为两类设置不同的灭火设施。

第一类为500m以下的短隧道，由于汽车在隧道内通行的时间不足1min，火灾危险小，故设计时一般只考虑配置A、B、C类灭火器。

第二类为500m（含500m）以上的中、长隧道，火灾危险性大，起火后容易造成重大的火灾损失，除配置A、B、C类灭火器外，还宜设置自动灭火设施。

根据火场灭火情况，一般先发现火灾并面临火灾的是司机和乘客，他们一般没有专门的灭火设施，必须使用隧道内配置的消防设施，对他们来说便携式灭火器是最好的灭火设施。随着火灾的发展，隧道内设置的自动灭火设施能及时启动，对发生的火灾进行控制，对减少隧道火灾损失和保证人员疏散有重要的意义。

随火灾的持续，隧道管理方的兼职消防人员到达火灾现场，他们具有专业的灭火技能，但不携带消防设备，对他们来说，使用隧道内配置的消火栓或其他灭火设施是最好的灭火手段。社会消防队员通常总是最后到达火灾现场，他们具有特殊的灭火技能，且自带灭火设备，对他们来说，一般要求供给充足的水源，为满足他们的需要，通常需要在隧道进出口设置室外消火栓和水泵接合器。

（1）灭火器。灭火器其作用是将初期火灾扑灭，一般供非专业人员使用。隧道内可能发生的火灾多为A、B类及带电火灾。灭火器一般选用磷酸铵盐干粉灭火器和轻水泡沫灭火器。

（2）消火栓系统。该系统在火灾扩大而灭火器不起作用时灭火使用。消火栓系统是使用最广泛、最经济有效的灭火设备，主要由水源、供水设备、管道、消火栓、水枪、水带等组成。在隧道的两侧间隔一定距离设置墙式消火栓，系统供水管道应形成环网，在比较长的隧道设计中还应考虑到管道的水力损失。消防泵的启动方式目前我国主要采用消火栓箱内的按钮启动、泵房内手动启动、控制中心遥控启动并显示水泵开启状况等三种方式组合。此外，还应考虑使用对象使用的方便，既要适合现场人员（非职业队员）方便进行灭火，又要适合消防队员进攻救援时的需要。

（3）自动喷水灭火系统。世界各国对自动喷水灭火系统在隧道中的使用，态度是不尽相同的。目前在公路交通隧道内应用自动喷水系统及其有效性仍存在很大争议，主要为四个方面：①隧道内的火灾通常发生在车辆的下部、车厢里或车辆的发动机部分，安装在隧道顶部的喷头往往达不到灭火效果；②从火灾引燃到喷头动作之间有一段延迟时间，隧道内快速增长的火灾使喷洒的细小水滴汽化而产生大量高温水蒸气，不但难将火灾扑灭反而会增加对逃生人员的危害性；③自动喷水灭火系统的冷却作用往往使沿隧道顶棚的热烟气流层降低并破坏烟气分层；④喷出的水会使路面湿滑，给人员疏散行走带来危险，并有可能导致可燃性液体发生流淌形成流淌火，使火灾扩大。

在隧道内部火灾发生后并扩大时，采用喷淋灭火系统可以有效控制初期火势，冷却热气流，对隧道结构及隧道内设备起到一定的保护作用；降低烟气浓度及烟气温度，便于人员疏散和消防人员的进入，为扑救活动提供有利条件。

（4）水喷雾系统。在隧道发生火灾时，由于大量的热烟气聚集在隧道顶部，烟气会沿着隧道顶部纵向蔓延（特别在采用纵向通风方式的隧道），当排烟系统启动时，烟气会向排烟方向蔓延，如果采用闭式系统，无法确定设计所需打开的喷头数，从而难以设定设计参数，所以一般都采用开式的水喷雾系统。在隧道内部火灾发生后，采用水喷雾系统主要是压制火势，冷却烟气、车辆及车上装载的货物，防止火灾蔓延，对隧道及隧道内设备起到保护作用，同时可以延长人员的可用疏散时间，为疏散和扑救提供有利条件。水喷雾的设计按隧道允许通行车辆的情况来假定火灾的规模，小轿车（热值3～5MW）、卡车（热值100MW）、油罐车（热值300MW），从而进一步确定水喷雾的用水量及一组的保护范围。考虑到火灾可能发生在两组水喷雾之间，交界之处不可出现喷水盲区，两组水喷雾需要同时作用，因此在设计中水喷雾系统用水量应按两组同时动作时计算。

（5）闭成自动喷水—泡沫联用系统。该系统是在自动喷水灭火系统中配置可供给泡沫混合液的设备，组成既可喷水又可喷泡沫的固定灭火系统。它可以是开式系统，也可以是闭式系统，该系统可用于扑灭固体火和液体火灾，当某些水溶性液体火灾在用泡沫灭火以后，为了防止其复燃，还可用水进一步冷却，扩大普通水灭火系统的扑救范围。其工作原理为：当发生火灾时闭式喷头出水，报警阀打开，消防水进入管网。一部分水进入泡沫罐的水室，利用水压将泡沫液挤过控制阀及比例混合器，通过水的引射作用，将泡沫液掺进消防水中混合液从喷头喷出，在遇空气后自动生成灭火泡沫。由于该系统不需要特殊的泡沫喷头和泡沫发生器，大大简化了使用条件。

（6）辅助灭火设施。由于城市交通隧道只满足客车通行，消防部门配备的大型消防很难进入隧道内，所以在一些重要的水下隧道、地下环形隧道等隧道位置，通常会配备专业的消防救援车、消防摩托等。

（二）城市交通隧道的灭火剂

城市交通隧道内汽车火灾以油类燃烧为主，电器火灾以电线线路短路引起火灾为主。用水灭火系统常采用消火栓灭火系统和自动喷水灭火系统，其他几种灭火剂常制成体积较小的灭火器使用，也有设计成管道系统沿整个隧道设置，如泡沫灭火系统、二氧化碳灭火系统和卤代烷灭火系统等。以下介绍隧道内常用灭火剂：

1. 干粉灭火剂

干粉灭火剂是干燥微细的固体粉末，由灭火剂和少量的添加剂经研磨制成的一种化学灭火剂。B、C类干粉，适用于扑救易燃液体、气体和电气火灾，A、B、C、D类干粉适用于扑救多种火灾，D类干粉适用于扑救轻金属火灾。我国普遍采用钠盐干粉，即小苏打和改性钠盐干粉，属于B、C类干粉。

小苏打干粉适用于扑救易燃液体、可燃气体和电气火灾，不适用于扑救木材、轻金属和碱金属火灾。小苏打干粉的优点是灭火效力大、速度快、无毒、不导电、不腐蚀和久储不变质；缺点是灭火后留有残渣、损害精密仪器和设备，灭火后如有阻燃或热表面存在而易复燃，不能与普通蛋白泡沫联用。改性钠盐比小苏打干粉灭火效力高，其适用范围和缺点与小苏打干粉完全相同。

2. 泡沫灭火剂

泡沫灭火剂主要是由碳酸氢钠粉末和硫酸铝粉末分别溶解于水所形成的溶液经混合而生成泡沫，它通常装配在泡沫灭火器或泡沫灭火系统上使用。其密度小、流动性好、持久性和抗燃性能强，导热性能低、黏着力大，能覆盖在着火的液面上形成一道严实的覆盖层，使液面与燃烧区隔绝并保持一定时间，阻止燃烧进行。

泡沫灭火剂主要用于扑救隧道内的 B 类火灾，特别是隧道内最可能引发的汽油火灾，由于水成膜泡沫能在油类的表面形成一层很薄的水膜，抑制油品向上蒸发，依靠水膜和泡沫的双重作用，使燃油与空气隔绝，迅速而有效地将火扑灭。但对于水溶性 B 类火灾，如醇、酮、醚、酯等火灾，水成膜泡沫很快被破坏而不起作用，也可选用抗溶性水成膜泡沫灭火剂。

YP 型普通化学泡沫中的气体为二氧化碳，酸、碱性物质均为粉末状，这类泡沫储存时间短，易变质，必须经常检修，更换时间短，在隧道中应用较少的 YPB 型化学泡沫灭火剂，是在 YP 型灭火剂中添加增效剂而制成的，它对水分无特殊要求，储存后不变质，目前已经替换了 YP 型泡沫灭火剂。

3. 改性后的泡沫灭火剂

（1）普通蛋白泡沫，它由蛋白型空气泡沫液、水和空气经机械作用而生成，它具有覆盖、冷却的灭火作用，能有效地扑救易燃和可燃液体火灾，也可扑救木材等一般固体火灾，但不宜扑救醇、醚、酮等水溶性液体火灾。

（2）氟蛋白泡沫，它是由氟蛋白泡沫与水按一定比例混合，经机械作用而生成。在氟蛋白泡沫中有氟表面活性剂，氟蛋白泡沫灭火效果好，能与干粉灭火剂联用，疏油性强，泡沫流动性好，如有破裂能迅速重新流聚，自动扑灭泡沫破裂处复燃。另外它可以长久储存不变质。

（3）抗溶性空气泡沫，它是由抗溶性空气泡沫液与水按一定比例混合后经机械作用而成。它应用范围广，不但具有蛋白泡沫的灭火效能，可以扑救油类、木材及非水溶性有机物质火灾，而且能有效扑救水溶性有机溶剂如醇、酮、酯类火灾，但不能扑灭沸点低的有机溶剂火灾。它的缺点是腐蚀性大，对储存容器必须做防腐处理，泡沫液中严禁水、油混合导致泡沫液变质而破坏其性能。

（4）高倍数泡沫，高倍数泡沫是由高倍数泡沫生成剂与水按一定比例混合后经机械作用而生成泡沫，迅速覆盖燃烧物表面，隔绝燃烧区空气来源，泡沫受热后产生大量的水蒸气而大量吸热，从而使燃烧区急剧降温，并稀释空气中的氧含量，同时还能阻止燃烧区热传导，对流和热辐射，从而防止火势蔓延。其灭火特点：灭火强度大，灭火迅速，可在远离火场的安全点施救，水渍损失小，灭火后恢复工作容易，成本低且无毒害，无腐蚀。它适用于有限空间内的大面积火灾。其范围包括各种油类和其他非水溶性液体火灾，以及木材、煤炭、橡胶、各种织物等固体火灾。

（5）水成膜泡沫灭火剂，水成膜泡沫灭火剂，又称"轻水"泡沫，灭火剂由氟碳表面活性剂、碳氢表面活性剂、泡沫稳定剂和溶剂组成，它的灭火原理，除具有一般的泡沫灭火剂的作用外，还有当它在燃烧液表面流散的同时析出液体冷却燃液表面，并在燃烧液面上形成一层水膜与泡沫层共同封闭燃液表面，隔绝空气，形成隔热屏障，吸收热量后的液体汽化稀释燃液面上空气的含氧量，对燃烧液体产生窒息作用，阻止了燃液的继续升温、汽化和燃烧。因此，水成膜泡沫灭火剂具有泡沫和水膜双重灭火作用，这是它与其他泡沫灭火剂的根本区别，也是它灭火效率高的重要原因。它对扑灭一般固体火灾很有效，另外可以久储不变质，能保持20年其灭火效能不变，既可单独使用，也可与干粉灭火剂联用，但不能用于扑救醇、醚、酮类水溶性易燃液体火灾。

4. 二氧化碳灭火剂

二氧化碳在燃烧区稀释氧气，减少空气中氧含量，吸收大量的热，降低温度，当其浓度达到30%～35%时使燃烧物窒息而灭。它适用于一些不能用水扑救的物质火灾，如电器、精密仪器等，它不能扑救金属钠、镁、铝和金属氢化物等物质火灾，另外它不易扑灭某些能在惰性介质中燃烧的物质和内部阴燃物的火灾。

5. 卤代烷灭火剂

卤代烷灭火剂优点是灭火效率高，灭火后不留痕迹，绝缘性好，腐蚀小，久储不变质。卤代烷有一定毒性。卤代烷灭火剂有1211、1202、1301、2402，其中1301毒性最小，1202毒性较大。

卤代烷灭火剂适用范围：适用于扑救易燃液体和气体、电气、精密仪器设备、贵重档案等火灾，它不能用于扑救本身可供氧的化学物质如硝酸纤维、火药以及碱金属和金属氢化物的火灾。

针对城市交通隧道 A、B 类火灾特点，通常选用水、干粉灭火剂和泡沫灭火剂。常设计成消火栓系统和自动喷淋系统，也可采用干粉、泡沫、卤代烷以及二氧化碳灭火剂制成灭火器使用，这样便于储藏和操作人员使用，另外每次更换数量相对较少，减少营运维护费用。也可设计成固定式管道系统的，但这种形式每次更换灭火剂数量大，维护保养费用高。

三、城市交通隧道的火灾监测与电气防火

隧道火灾探测包括两个方面：能否响应和响应速度。目前在国内隧道消防规范中，要求隧道火灾探测器应为缆式感温火灾探测器、火焰探测器以及光纤感温探测器。由于隧道中存在移动火灾和火灾漂移的情况，缆式感温火灾探测器和光纤感温探测器的定位不是非常准确。在隧道内应同时设置两种以上的火灾探测方式，以提高其准确性和降低误报率。

（一）城市交通隧道的火灾监测

"城市交通隧道若发生火灾，将造成巨大灾难和损失。因此，采取一定措施，加强城市交通隧道火灾报警系统性能，显得尤为必要。"[1] 火灾初期发现起火点，并且及时采取措施，使其不扩大成灾是消防设计中的一个重要原则。设置火灾自动报警系统作为一种主动监测方式，一般设在电缆层和行车层，因为在隧道中有可能发生火灾的是电缆层和行车层。虽然大多数供电系统目前采用阻燃、低温、无卤电缆，其引起火灾的可能性不大，但电缆因过流、过压发热而引起火灾现象是依然存在的，因此在电缆层设置缆式火灾报警系统可及时发现火灾。而最易发生火灾的地方集中在行车层，多以车辆撞击或自燃引起的明火燃烧为主要形式，所以车行隧道段应成为整条隧道的重点监测对象。

由于在火灾发生后会产生、聚集大量的烟及热，且隧道中风速多为 $2\sim10m/s$，在车行段采用传统的烟感或温感可能很难准确地探测火灾发生，这样对于火灾联动系统很难达到设计目的效果。所以在设计中报警系统探测

---

[1] 朱军荣. 城市交通隧道火灾报警系统的报警模式分析 [J]. 中国市政工程，2018(1)：49.

器的选用上应充分考虑到报警点和实际着火点位置的误差及以后的维护。

为使各种设备协调工作，确保隧道正常运营、人身安全及提高车辆通过能力，有必要对隧道两侧入口、风井、区间等区域实行统一监控、集中管理，为达到防灾、消灾和疏导交通的功能，有必要建立统一的中央控制室进行集成、协调管理，实现的目标包括：①火灾报警探测到火警并输出报警信号，电视监控系统可进一步确定火灾位置，实行联动相关消防设备（灭火、排烟、交通管制等）消灾；②根据要求发出预警，下达禁止车辆进入隧道等紧急措施的指令，播放紧急情况下的人员疏散广播；③通风应用程序设计提供紧急运行模式，根据火灾信息自动进入预先设置的火灾运行模式，进行排烟动作。

(二) 隧道常用探测器原理与特点

目前在隧道中常用的火灾探测器按原理可分为2类：线型感温探测器和点型感光探测器。线型感温探测器主要产品包括缆式线型定温探测器、空气管差温探测器、缆式线型模拟型探测器和光纤感温探测器；点型感光探测器主要包括双波长火焰探测器。

(1) 缆式线型定温探测器。该类探测器大多采用双绞线或同轴电缆的形式，其外层分别被热敏绝缘材料包围，其探测原理是：正常监视状态两根导线间呈高阻状态，当环境温度升高达到或超过预定值时，热敏材料电阻率降低，导线短路呈低阻状态，从而发出火灾报警信号。

这类探测器采用开关信号，所以基本不受电磁干扰影响。但存在如下问题：反应迟钝，由于采用定温原理，故环境温度改变时易引起误报和漏报。

(2) 空气管差温探测器。该类探测器由铜管和空气压力传感器构成一个探测单元。探测单元均装在隧道顶部位置，各个探测单元，以总线制形式连接至中央控制室内的火灾报警控制器并与火灾管理计算机连接，构成全隧道探测及报警回路。当隧道内发生火灾时，现场气温急剧上升，紫铜管内的空气受热而迅速膨胀，传感盒内压力急增，使盒内检测电路的金属触点闭合，构成检测电信号回路，中央控制室内的火灾报警控制器即时发出报警。但空气管差温火灾探测器的灵敏度调节难以稳定，受隧道内环境因素影响大，容易产生误报、延迟或漏报，且检修调试困难。

（3）缆式线型模拟型探测器。该类探测器的结构为四芯铜导线组成，每根载流导线覆盖着一层具有负温度系数特性的绝缘材料，四根导线均匀绞在一起，组成系统时末端两两短接成两个互相比较的监测回路。环境温度变化通过感温电缆传到控制接口模块，当探测区域的温度达到或超过系统报警值时，系统将发出火灾报警信号。该探测器的优点是非破坏性，除非工作现场的温度过高、同时感温电缆暴露在高温下的时间过久，否则它在报警过后仍能恢复正常的工作状态。这类探测器由于采用较为精确的阻抗变化比较方式，故容易受电磁干扰影响，抗电磁干扰能力差，而隧道在行车过程中，将产生强大的电磁干扰，从而易引起误报。

（4）光纤感温探测器。该类探测技术是一种实时、在线、多点的温度传感技术，是近年发展起来的一种可用于实时测量温度场的新技术。光纤感温探测系统光纤控制主机可设置于公路隧道的消防控制室内，引出一路光纤监控整个隧道，探测距离可达 4000m。主机提供 RS232 及数字信号接口，可通过 COM 接口或 Modem 将信号传送至监控系统，使用图文方式显示隧道内温度状况及火焰蔓延方向。隧道中光纤线缆传感器安装在隧道顶部。采用光纤线缆传感器，报警区间长度可任意定义，一般可按 100m 区间定位。发生火灾时，不仅能按报警区间给出火灾报警信号，同时可以实时显示报警温度曲线，线缆故障时能即时发出故障信号。但感温光纤探测系统的价格较高，受隧道内自然风影响较大。

（5）双波长火焰探测器。该类探测器属点型感光式。当隧道内发生火灾时，探测器可捕捉火焰特有的燃烧变化频率，捕捉火灾特有的光谱分布特性。通过对不同波长各具灵敏度的两个检测元件判断，中央控制室内的火灾报警控制器即时发出报警。将双波长火焰探测器、手动报警按钮、电话插孔、信号转换器组成一台探测综合盘，所有综合盘由总线制形式连接至中央控制室的火灾报警控制器，并与火灾管理计算机连接，构成火灾探测报警回路。

(三)城市交通隧道的电气防火

城市交通隧道火灾一般延续时间较长，且火场环境条件恶劣、温度高，因此对城市交通隧道的消防供电等级、用电设备和配电线路的要求较高。

一、二类隧道的消防用电应按照一级负荷供电，三类隧道按二级负荷供电，隧道内严禁设置高压电线电缆和可燃气体管道，电缆线槽应和其他管道分开埋设。

应急照明和疏散指示标志能在城市交通隧道供电中断和火灾中起到提供紧急照明和诱导疏散的作用。城市交通隧道两侧应设置消防应急照明灯具和疏散指示标志，其高度不宜大于1.5m，一、二类隧道内消防应急照明灯具和疏散指示标志的连续供电时间不应小于3h，三类隧道不应小于1.5h。应急照明灯通常沿隧道全长间隔布置，宜采用对火灾发生时的烟气有较强穿透性能的高压钠灯作为光源；隧道内设置的各类消防设施均应采取与隧道内环境条件相适应的保护措施，并应设置明显的发光消防疏散指示标志。此外，应在隧道入口处设置公路情报板，并在车行路线上设置行车诱导标志，以确保火灾时准确引导车辆疏散。

四、城市交通隧道的消防管理

城市隧道火灾的预防除了注重防火设计，还要坚持经常性的消防管理，严防火灾事故的发生。根据隧道火灾的起因，隧道通常采用以下防火措施：

第一，在隧道进口设管理站，加强交通安全管理和消防管理。

第二，限制车速，限制载有易燃物品及其他危险品的车辆进入隧道或由专业车辆引入。

第三，各种电器线路采取穿管保护，电缆采用阻燃电缆或耐火电缆。

第四，长隧道内设置电视监控系统、事故报警按钮、避难通道、应急灯、电话以及通风机等。

第五，选用耐高温、耐潮湿环境的防火涂料。

第六，所有的灯具、电话箱、灭火设施箱体均要求用非燃材料制作。

在城市交通隧道运行中，应从制定隧道防火制度、隧道防灾救灾的宣传教育、隧道火灾时的交通管理以及救援队伍的建设等出发，一方面，降低城市交通隧道火灾发生概率；另一方面，在火灾发生后能有准备充足的应急预案，确保高效救援，降低火灾人员伤害和财产损失。

（一）制定隧道防火制度

政府和社会的消防机构，应组建多种形式的消防队伍，制定颁布消防法令和消防技术法规标准；组织开展消防科学研究；制定隧道火灾逃生和救援指南图片、小册子，通过宣传与教育，提高驾驶员及乘客的消防知识、逃生和救援能力；加强隧道巡逻检查，隧道内视频监视不留盲区；隧道中值班人员 24h 监控隧道，及时发现隧道内异常情况，并采取相应措施。

（二）隧道防灾救灾宣传

城市交通隧道的防灾救灾应该遵循以防为主，防救结合的原则。关于灾害的预防，先要做好宣传和教育工作。宣传教育的对象主要是司乘人员、隧道维修和管理人员。通过宣传教育，规范民众的通行行为，降低灾害发生的概率；提高民众的自救能力，使得灾害受困人员能及时采取措施自救；增强隧道管理人员的灾害意识，提高他们的管理能力，在灾害发生时能及时准确启动应急措施，将灾害的损失降低到最小。

隧道防灾救灾宣传教育的方式有专门培训、散发宣传手册、VCD 光盘等，教育的内容包括：隧道的结构特点；隧道行车的车速、车距、超车规定；隧道的报警系统；隧道的消防设施；隧道灾害的规律与危害；隧道的逃生系统等；隧道的灾害救援程序；隧道灾害发生时的应对措施等。

（三）隧道火灾时的交通管理

隧道发生火灾时的交通管理是救灾预案的重要内容。一般可以按照如下方案进行：

（1）单向交通隧道发生火灾后，火灾点前方车辆（出口方向）可以继续驶出隧道，而驶向火灾点的车辆处于危险状态。为了减少隧道中受困车辆的数目，通常采取如下交通控制措施：隧道内发生火警后两条隧道同时关闭，车辆只准出，不准进；打开发生火灾隧道所有火灾点上风侧横通道；火灾点上风侧车辆通过横通道安全疏散到另一座隧道；未发生火灾的隧道改为双向行车，所有车辆行车速度限制在较低速度以内，并严禁超车；火灾点下风侧的车辆快速有序地驶出事故隧道。

（2）双向交通隧道发生火灾后，驶离火灾点两个方向上的车辆可以安全地驶出隧道，但驶近火灾点两个方向上的车辆都将受困。此时通常采取的交通控制措施包括：①隧道内发生火警后隧道两端同时关闭，车辆只准出，不准进，通知驶近火灾点两个方向上的车辆，尽快靠隧道右侧停放，但应该关闭发动机，不要拔出车钥匙，不要锁车门；②通知司乘人员快速跑向附近紧急逃生通道或向两端洞口撤离，驶离火灾点两个方向上的车辆快速有序地驶出隧道。

（四）加强火灾救援队伍建设

城市隧道主管部门应结合隧道实际情况，配备相应灭火救援车辆和专用器材装备，有针对性地开展灭火演习，做到一旦发生火灾事故，能及时有效地把火灾事故损失控制在最低程度。

对于城市交通隧道而言，由于其对城市的重要性，所以其救援梯队的组织形式可按三级考虑：第一梯队由着火区车辆的司乘人员组成；第二梯队由隧道管理人员、警察组成；第三梯队由专业消防人员和医疗救护人员组成。隧道火灾的初期灭火工作一般由第一梯队和第二梯队实施，后期的灭火工作由第三救援梯队完成。

第六章　防火监督检查及其智慧化应用

防火监督检查是消防安全管理体系中的预防控制火灾的重要措施，优化防火监督检查流程、重视防火监督检查要点十分必要。本章探索防火监督检查流程及其完善、防火监督检查工作的优化路径、智慧消防及其在防火监督检查中的应用。

第一节　防火监督检查流程及其完善

一、防火监督检查流程再造的背景

企业面临着剧烈的环境变化和激烈的市场竞争是业务流程再造理论（BPR）产生的时代背景和原因。企业实施 BPR 的原因可能有三种：①求生存。有些企业现状堪忧，管理混乱，财务陷困境，濒临被淘汰的边缘，为了能够在激烈的竞争中生存下来，迫于生存压力，通过对原有流程进行反思和大刀阔斧的改革，希望以此绝地反击；②防风险。有远见卓识的企业，会提前一步对企业的未来进行部署。即使企业暂时盈收状况平稳，资金流稳定，然而居安思危，时刻关注市场的瞬息万变，一旦预见到现有流程在不远的时期内会不适应形势变化，则提前动手解构和重组原来的工作流程来防患于未然；③图垄断。并不是只有在危机中或者可能面临危机的企业会进行 BPR，市场中的龙头企业，虽然占据着市场的绝对份额，然而其高级管理层因为可以对市场有更高远的见识，或者看到其他领域的发展机会，他们的发展意愿更加强烈，对新理念、新技术更加渴求，由于市场地位稳固，可以承受更大的变革风险，将其作为其他企业的进入壁垒，从而能够把竞争对手甩得更远。

　　BPR 理论提出后，很快被美国的一些大公司采用并取得了巨大成功，被视为一场工业管理革命。与商业环境变化的情况类似，公共部门也面临着类似的变化，也借鉴 BPR 理论精神进行改革，比如进行"政府再造"或"新公共管理运动"。

　　消防工作是公共管理的重要内容之一，是关乎生命财产安全和生产生活正常运转的重要工作。《中华人民共和国消防法》(以下简称《消防法》)自施行以来，有力地推动了我国消防法治建设、社会化消防管理、公共消防设施建设以及消防监督执法规范化、提升政府应急救援能力、火灾隐患整改等方面的工作，对预防和减少火灾危害，保护人身、财产安全，维护公共安全，发挥了重要作用。

　　近年来，随着我国经济社会的发展和政府职能的转变，面临着社会和广大人民群众对消防安全的新需求、新期待，面对着以人为本、保障和改善民生、强化社会管理和公共服务的新要求，新《消防法》正式公布实施，明确了消防机构的职能是预防火灾和减少火灾危害，加强应急救援工作，保护人身、财产安全，维护公共安全的重要职能。防火监督检查是消防工作贯彻预防为主、防消结合方针的关键环节，其主体既包括消防机构也包括地方政府和公安机关派出所。

　　新的条令对消防行政许可、监督检查、火灾事故调查和案件办理等业务流程做了较大调整，消防部队迫切需要一套适应新的消防监督工作的消防监督管理系统来满足新的执法工作要求。在此基础上，消防监督管理系统应运而生。

　　适应新环境的需要，全面使用消防监督管理系统开展工作。使用该系统的应用使消防监督管理工作更加快捷、高效，进一步加强了消防监督业务信息化进程，大大提高了消防监督执法规范化建设水平，解决了消防监督检查、建筑工程消防审核、验收、火灾事故调查、重点单位管理、消防行政处罚和消防政策法规等业务常年来由于数据繁杂、查询统计困难给各项消防业务工作带来不便的问题。应该说某种程度上实现了该系统预期的目标，也体现了 BPR 的重要作用，即：结合一体化设计思想，实现数据安全、一致与共享；严格按照消防监督业务流程，促进执法工作规范化；业务覆盖全面，为各级监督执法人员提供服务平台；功能配置灵活，操作方式友好便捷，同时还能便民利民。

然而，在实际工作中发现，此次消防工作的 BPR 及配套的 IT 系统存在着一些值得注意的问题或弊端。比如，新《消防法》对建筑工程施工许可为抽查制和备案制，这意味着未被抽查到的单位被默认为"合格"可以施工，可能会在存在先天火灾隐患的情况下交付使用，即使之后日常防火监督检查发现了这些隐患，对于这些单位来说，整改的成本非常高，甚至会涉及罚款、临时查封等行政处罚和强制措施，这样就造成了消防执法难度相当大。这种流程安排适得其反，没有降低消防隐患，反而造成了后期消防整改困难。

二、防火监督检查的 BPR 方案与实施

(一) 防火监督检查的 BPR 方案

1. 完善流程的原则

(1) 遵纪守法原则。BPR 的过程和最后形成的工作程序必须要符合当前的法律法规，包括部门的规章制度。目前业务流程中与这些法律法规有矛盾或者对执行这些法律法规形成不利影响的必须要进行整改，有所欠缺的必须要弥补。

(2) 求真务实原则。对于现有流程的情况，应该实事求是，认真分析利弊，对取得的成绩要予以肯定，对存在的问题不能回避。长期坚持对流程进行规范和改进，对防火监督检查工作的促进作用是主要的，值得肯定，而且要坚持做下去。对于发现的问题，需要认真对待，分析产生的原因，研究解决的办法。

(3) 以人为本原则。BPR 的确是强调 IT 技术应用的，电脑的高速运算能力，软件系统的强大功能，网络的传播和共享能力，是 BPR 能够提高工作效率的最重要原因。不过，BPR 说到底是一种工具，开发者、使用者和服务者都是活生生的人。BPR 案例中的成败得失，都少不了人性的因素。所以，在完善流程时，尤其要注意从人性角度出发探讨出现问题的原因，从利益角度去思考解决问题的合理方法。

(4) 循序渐进原则。传统 BPR 理论推崇的"革命性"变革仅仅在特殊时

期出现并成功，在大多数情况下，成功的BPR都是比较"温和"的。这是因为BPR理论的产生是在工业革命之后，面对剧烈变化的环境，企业不得不紧随其后。但是现代社会中，颠覆型的技术革命在信息化浪潮之后，似乎再没有明显出现。尤其是公共服务部门，机构庞杂，人员众多，服务对象广泛，业务环节的变化牵扯很多利益主体，如果进行剧烈的变革，影响太大，阻力也过多，很可能最终归于失败。比较好的方法是，逐步递进，增量改革。对流程的完善，仍然要秉持这样的理念，先易后难，逐步实现最终目标。

2.完善流程的方式

（1）专题调研。针对目前防火监督检查出现的问题，组成专题调研小组，通过走访、问卷、会谈等方式认真分析已经出现的各类问题的主要原因，研究可行性解决方案，形成调研报告。调研可以主要在部门内进行，也可以到其他消防支队进行经验交流。

（2）三方座谈。组织防火监督检查的重点社会单位、防火监督人员和技术服务商进行深入座谈。BPR的理念就是面向客户的，主要面向的是防火监督检查的单位，他们对于目前存在的问题应该具有直接的感受，并且可能还会提出消防支队自己并未发现的问题。防火监督检查员工作在第一线，BPR直接影响他们的工作方式和工作效率，他们最有发言权。支持BPR的信息技术服务商在其中的作用非常重要，他们需要更加深入了解防火监督检查的要求和目前存在的问题才能进行软件的升级和网站的建设。座谈不适合加入高层领导，因为容易造成言论约束或者主观倾向性，使得座谈失去客观性和真实性。

（3）典型试点。对于目前出现的问题，可以选择几个试点单位，每个试点单位专项解决一种问题。试点单位的选择需要有典型性，试点工作必须小规模地进行，取得比较好的成绩后，将成功经验分阶段逐渐扩大。因为现有各种系统已经投入使用，并且时间并不太长，试点工作不能操之过急，需要经过一个比较长的时间段观察，确认解决方案可行后再推广。

（4）专家参与。为了减少完善流程过程中的盲目性，可以请BPR方面的专家对目前的消防流程进行诊断，并参与调研、座谈、驻试点单位工作等，协助发现问题和提出解决方案。在开始完善流程之前，还需要BPR专家对流程的管理者和参与者进行系统的培训和指导。

（5）骨干主导。有一批业务精熟的防火监督人员，流程完善需要依靠他们的专业知识和丰富经验，经过完善的流程最终要靠他们去实现。因此，以上四条工作方式中都要以他们作为主要参与人。这些业务骨干，通过选拔将进入防火监督检查的管理层。

3. BPR 的主要阶段

BPR 实践已经有成熟的经验，操作过程有很多种。无论哪一种，基本步骤通常包括准备、确定、展望、求解和实施五个阶段。其中准备阶段和实施阶段是 BPR 规划的起点和实施的起点，核心是中间的三个阶段。

准备阶段：建立 BPR 工作队伍，明确 BPR 的理念、宗旨和原则，组织和发动支队流程再造项目的相关人员。

确定阶段：分析现阶段支队原有流程的特点，对不合理的流程进行优化，主要任务包括清除、简化、整合和自动化。

展望阶段：选择再造过程，形成再造策略。该阶段的主要任务是设计新的工作流程。

求解阶段：定义新流程的技术和要求，并开发详细的执行计划。

实施阶段：全面推进再造计划的实施，对已经实施的新流程的业绩做出客观评价。

（二）防火监督检查的 BPR 实施

1. 准备工作

（1）人员培训。进行 BPR 的关键要素是人。执法监督岗位人员、调离执法岗位超过 2 年重新回到执法岗位的人员和初次进入执法岗位的人员均应参加培训。其中执法监督岗位人员、调离执法岗位超过 2 年的人员每年离岗业务培训不少于 40 课时，初次进入执法岗位的人员，实行业务见习 3 个月的制度。业务培训分为定期培训和不定期培训。定期培训主要包括基础理论、执法实务、知识更新三类。

（2）消防监督技术装备保障。BPR 消防监督技术装备保障是指按照有关消防监督技术装备配备标准，配齐配全消防监督检查、消防验收、火灾调查和消防宣传所需仪器设备，推进消防监督新技术、新装备的应用。

为了推进 BPR 工作，需要积极地与当地财政部门协商，将消防监督技术装备经费纳入当地消防业务经费预算，以确保装备配备工作落到实处；努力推进消防监督新技术、新装备和业务软件的应用，强化消防监督技术装备应用训练，努力提高消防监督执法工作的技术水平；加大消防监督技术装备使用的业务培训，确保一线消防监督人员能够熟练掌握新装备的性能和操作规程。

2. 流程优化

（1）清除和简化。

①突出重点。建立消防监督错时检查制度，重点时间重点单位重点检查，将有限的时间和精力集中在关键步骤上。以法定工作日 20 时至次日 2 时及重大活动、重要节假日、火灾多发季节和专项治理期间作为重点检查时间，应以夜间营业的单位为重点：影剧院、歌舞厅、演艺厅、棋牌室、网吧等娱乐休闲场所；医院、养老院、商场、超市、宾馆、饭店、招待所等人员密集场所；纺织、服装加工等劳动密集企业和"三合一"、出租屋集中的场所和部位；加油加气站、液化石油气储备仓库等易燃易爆场所；其他有必要进行检查的单位、场所。

②变普查为抽查。普查虽然从理论上可以全面彻底地发现问题，实践中却行不通，一方面受限于人力不足，另一方面也造成受检单位的压力。消防监督检查的目的是减少消防隐患，如果抽查的方法合理，既可以减轻工作压力，也可以实现既定目的。

组织监督抽查可按照适当比例采取随机方式确定被检查单位数量及类别，并根据参加监督检查人员数量、检查时间、检查重点、能够检查单位的数量，适当进行调整。监督抽查的频次可根据本地区火灾规律、特点以及消防安全需要统一安排部署，对消防安全重点单位的监督抽查每半年至少组织一次，对非消防安全重点单位的监督抽查每年至少组织一次，适当增加辖区内易燃易爆单位、大型人员密集场所的抽查频次。

组织监督抽查前，可通过网站、报纸、电视等形式向社会公告检查的范围、内容、要求和时间等，在单位自查自改的基础上实施抽查，监督检查的结果可通过网站或其他方式向社会发布，必要时也可通过书面形式，向当地人民政府报告。

（2）整合。流程整合有两个部分：一是避免留下空白地带；二是加强部门间业务的沟通配合。

分级建立排查网格，落实"无缝隙"监管。划分火灾隐患排查整治网格，以乡镇、街道"大网格"，行政村和社区"小网格"为基本单元。每个区域明确责任领导和责任民警，坚持"检查、复查、联查"的"三轮排查"，并推行排查"实名制"，实现监督单位"户籍化"管理，真正做到"无缝隙"监管。

行业部门联动，形成"综合治理"格局。同安检、工商、文化、建设、教育、民政、卫生、旅游等部门建立"定期巡查、联合执法、及时抄告、协调统一"的联动工作机制，同治安、保安、内保、社区警务、巡警等多警种联合办公，定期开展联合执法。

（3）自动化。规范是自动化的基础。有了明确的规范，工作就可以按部就班，按流程办事。为提高全体监督执法人员业务水平，规范执法程序，进一步提高执法质量，确保消防行政执法公平、公正、便民、高效，结合执法实际，制定执法规范化手册供全体监督执法人员学习运用。执法规范化手册的主要内容包括部门及岗位职责、建设工程消防设计审核流程、建设工程消防竣工验收流程、建设工程消防设计备案抽查流程、建设工程竣工验收备案抽查流程、公众聚集场所在投入使用、营业前的消防安全检查流程、行政处罚流程、强制执行流程、临时查封流程、监督检查流程、专家评审流程和火灾事故调查流程等。

3. 制度设计

（1）受理制度。实行消防行政许可和备案相结合的原则。调整的意义在于宽严相结合，简化程序。以前许可的范围较大，现在重点对人员密集场所和特殊工程进行许可的监管加强，其他工程由单位向消防机构备案就行了，消防机构对备案可以进行抽查。集中受理建筑工程消防设计审核、消防验收和公众聚集场所使用或开业前消防安全检查三项消防行政许可的申报。各地公安消防机构设立消防行政许可集中受理窗口，受理接待人员应当熟悉掌握有关法规、政策，能够向申请人提供基本的行政和技术咨询。法律、法规、规章规定的有关行政许可的事项、依据、条件、程序、期限以及需要提交的全部材料的目录和申请书示范文本等需要当事人知晓的内容应当在公安消防机构集中受理场所公示，向当事人提供准确的信息，并在受理窗口等处提供各项行政许可申请书的格式文本。

（2）消防执法责任制度。消防执法责任实行主责承办、技术复核、法律审核和行政审批逐级责任制度，各级公安消防机构行政主官为本级消防执法责任的第一责任人，分管执法工作的领导对在其职责、权限范围内决定、做出或实施的具体执法行为，承担直接领导责任。各级人员的执法责任包括承办人责任、法律审核责任、行政审批责任等，并且建立了消防执法主责承办制度，实行首问责任制、分工责任制和指定承办制。

"首问责任人"是指外来人员来各级公安消防机构办事时的第一接触人。首问责任制是指对因违反规定程序的，以及不负责任而使问题未能及时解决的，来人有意见或造成不良后果的，要追究"首问责任人"的责任。

分工责任制是指各级公安消防机构的工作人员按照职责权限和本单位内部工作分工情况对各自分管工作范围的消防执法工作负全责。

指定承办制是指各级公安消防机构负责人根据工作需要可以就某一消防执法行为指定特定的承办人，但要明确主办人和协办人，主办人对该消防执法工作负主要责任，按照分工责任制的要求履行职责，协办人负次要责任，积极配合主办人开展工作。

4. 技术应用

（1）应用消防监督管理系统。消防监督管理系统是一个横向覆盖消防监督全部业务、纵向贯通各级消防部门的统一的信息化执法平台，实现对消防行政许可、监督检查、案件办理、火灾事故调查、消防产品监督、执法监督考核、执法档案管理、社会化消防管理、基础信息管理、辅助决策分析、互联网备案和系统配置维护等的信息化管理，并通过对消防安全重点单位的基本情况、建筑及消防设施情况和其他消防基础信息的采集和管理，实现基础信息和执法信息的一体化管理和信息共享；通过流程审批机制，确保消防监督管理审批流程的贯通，实现执法程序的规范和统一，提高消防监督执法的规范化和信息化水平。

（2）消防行政许可网上集中办理。消防行政许可从项目受理、任务分配、办理时限、办理过程、法律文书制作、行政领导审批、法律文书发出等必须按规定在消防监督业务信息系统中进行。特殊情况下需要通过纸质文件流转的，其内容与程序必须符合相应规定。消防支队应定期向总队报告消防行政许可网上流转工作情况，提供登录本地消防监督业务系统的方式，便于总队对各市消防支队实施消防行政许可的管理和监督。

（3）实施网上监督执法考评。网上监督执法考评是指依托公安部消防局配发的消防监督业务信息系统对消防监督部门执法内容、执法程序、受理及审批流程等进行的全过程监督和考评。消防监督业务信息系统中有"执法考评"模块，各地公安消防机构要依托"执法考评"模块建立消防监督执法检查和质量考评机制，对系统运行管理情况、系统应用情况以及数据质量情况进行综合评价。网上监督执法考评的对象是各市、县（市、区）公安消防机构。县（市、区）级公安消防机构考评工作由市级公安消防机构负责组织实施，市级公安消防机构考评工作由总队负责组织实施。网上执法监督情况纳入年度执法质量考评结果，总队、支队要适时对网上执法监督考评成绩较好的单位和个人予以通报表彰。

（4）完善火灾隐患举报投诉机制。成立网上火灾隐患举报投诉受理中心，建立举报投诉的工作机制和整治流程，开通火灾隐患举报投诉电话。人民群众可以打电话或网上在线举报涉及消防安全的火灾隐患，中心受理后将按照不同行政区域划分直接将群众举报投诉的案件网上流转给各区、县消防大队实地核查，各区、县消防大队按照消防监督检查规定的相关程序进行实地核查，并将核查和处理结果按时回复举报人。

三、防火监督检查业务流程的完善建议

（一）制定科学的 BPR 评价体系

防火监督检查 BPR 出现的问题，有部分原因来自评价体系没有随着 BPR 理论的演变进行完善。BPR 理论演变中逐渐达成共识，总体上，BPR 并不一定像最初提出的那样，需要有革命性的、颠覆性的、剧烈的变革，也不一定需要迅速发生变化。相反，能够成功实现 BPR 需要尊重原有基础、组织文化、人员基础等因素。通常，BPR 是以相对温和的形式进行的。因此，制定 BPR 评价体系时，其衡量标准中，短时间内达到巨变的指标要有所改变，将需要对 BPR 的评价放在一个较长的时间周期内进行考核。并且为了实现 BPR 所要达到的目标，需要关注促成 BPR 实现的各种基础条件。

从 BPR 发展的过程看，其首先是应用于企业，并且最初的成功实现，主要案例是大型企业流水线的引进。所以 BPR 在较长时间内一直更加关注的是技术的进步，试图通过完善的流程设计，将人作为整个工作过程的一个构件嵌入工作过程中。这种理念在制造业或者初级加工业中是有相当大的作用的。因为这可以极大地降低企业对工人水平的要求，只要聘用能够理解和服从工作流程的普通劳动者就可以完成相当复杂的产品生产和服务。随着产业升级和 BPR 应用范围扩大，问题逐渐出现。因为，在很多领域，人不能完全作为一个生产机器的零件来使用，相反，越是高端的企业，人的因素越重要。消防部门的工作也存在这样的问题。所以，直接拿来使用的 BPR 评价体系里，几乎都是对流程及其效果的评价，对人的关注非常少，因此造成以上问题。

(二) 消防部门 BPR 特性

1. 消防部门的特殊性质

消防部门作为公共服务部门与作为私人部门的企业存在着显著差别。对不同组织差别的分类方式，可以把消防部门的特殊性按照市场环境因素 (组织外部因素)、组织交易环境 (比如组织间交易的环境) 和内部结构和程序 (组织内部环境) 三个方面进行说明。消防部门在这三个方面的特殊性如下：

(1) 环境因素。与一般企业不同，消防部门几乎不受市场波动影响，生产力和效率的激励较小，分配效率较低，获取市场信息的能力较差，也就没有市场竞争带来的变革压力。不过，这并不意味着消防部门没有改革的压力。因为消防部门受到法律和正式规定限制很多，受政治因素影响更大，当法律法规和政策方针发生变化时，消防部门几乎必须及时调整才能符合规定。另外，消防部门受预算拨款的约束很大，也需要通过自身的工作业绩争取上级部门的资源倾斜，或者在预算有限的情况下，提高资源使用效率。

(2) 组织交易环境。企业之间或者企业与服务对象之间的交易通常是通过经济契约完成和相互制约的，所以企业为了能够获取更高的利润或者生存，更关注的是如何能够通过提高效率，增加客户的满意度，实现盈利。消防部门没有盈利和竞争压力问题，然而，消防部门相关联的组织和环境同样有压力。比如，对消防部门来说，因为有军队性质，政府集权和行政权力下强制行动更多，而且令行禁止；因为涉及公众利益，重大活动受到更广泛关注；高级官员受到更多监督，言行举止受媒体关注；公众对消防部门有更高的期望，比如除了消防工作本身，消防队伍代表着公正、责任感、忠诚、高效率和安全感。

（3）内部结构和程序。企业绩效的衡量标准具有简单、显性的特点，通过企业盈利水平、市场占有率等指标就可以比较明确地获得。消防部门的工作成果衡量就要复杂得多，评价指标往往具有多重性、冲突性和无形性，比如消防监督检查的严格程度和工作效率之间的冲突，公共场所安全隐患抽查工作量很大，但是很难体现工作效果等；消防部门的组织机构形势是严格的金字塔式，很难根据外部环境变化进行"扁平化"；由于消防部队的性质，权力向上集中，习惯于实行"一把手责任制"，也就同时意味着"一把手全权制"，上级领导不得不事无巨细，也不排除愿意揽权，导致消防具体部门和基层部门管理自主权较少；高层领导的变化更主要的是通过选举和任命方式，而企业的高管通过董事会任免，或者遭遇恶意收购而变更；消防部门工作强度大，危险程度高，然而个人努力程度因为评价指标复杂不容易区分，工作满意度和组织接受度相对较低。

2. 消防部门特性对 BPR 的影响

消防部门的特性使得对 IT 技术管理绩效评价具有不同特点。传统上在企业中流行同时也很有效的经济目标衡量方式（如成本收益分析）并不适用于有多重和无形目标的公共部门，消防部门即是如此。即使 IT 项目已经经过市场主体检验，发展比较成熟，但消防部门仍然不能直接运用。因为与企业使用 IT 技术更多的风险来自经济方面不同，消防部门还面临着政治风险。企业使用 IT 技术出现纰漏，会造成经济损失，而消防部门使用 IT 技术如果出现差错，则有可能是人民生命财产的巨大损失。考虑到这种差别，消防部门 BPR 进程应该是非常谨慎的，盲目以"剧烈、快速、根本性"等指标运用 IT 管理技术会导致失败。

消防部门的特殊性质对 BPR 依赖的信息管理系统可能产生五个方面的影响：①消防部门建立的公共管理信息系统除了监督管理和服务对象，还涉及上下级、新闻媒体及社会公众，所以管理者必须比私人的管理信息系统管理者更能驾驭相互独立的跨界平台；②由于是公共部门，消防部门的信息具有法律性、权威性和严肃性等特点，消防部门的管理者必须比私人部门有更高超的处理公文的水平；③衡量软硬件的标准（最终决定是否购买以及投入额度）上，消防部门除了考虑其作用，更重要的是可能获得的财政拨款及上级机关的态度和支持力度；④消防部门是行政机制，具有严格、明确和高效的上下级权属关系和工作职责；⑤消防部门与私人部门在组织结构中管理者的位置都会明显降低，然而企业对此比较容易适应，并且可能欢迎这种改变，消防部门的集权特性则会与消防部门的运行环境产生一定冲突，使得应用范围和效果受到较大限制。

因为消防部门更依赖拨款，市场风险较少，所以降低成本和提高运行效率的激励较小。这造成通常 BPR 要进行大规模改变的管理不容易被接受。消防部门拥有提供强制权力的垄断力量，这造成它们改造现有运行机制的动力不足。而且，由于存在运用 IT 管理平台的额外风险，消防部门具有创新性较差、更加谨小慎微，行为具有刚性等特点，这就需要打破传统方式接受 BPR 的思维障碍。因为消防部门面临多个不同权力机构（比如司法机关、立法机关、上级行政部门）的正式监察，受政治影响很大，所以可能接受和同意再造项目和程序的困难更大。另外，因为消防部门的影响广度问题，衡量 BPR 的好处和影响比较困难。所以，消防部门采用 BPR 相对可能会更加缓慢。

消防部门运行严格受控于法律和规范之下，管理者自主权相对较少，这就增加了业务流程再造的必然性。但由于纳入正式框架管理和控制的方式有扩散趋势，程序再造的审批和实施需要更长时间。消防部门管理者缺乏决策自主权和弹性将导致无权引导 BPR 项目的发展，最终导致 BPR 的失败。下级机关通常更加弱势和分散，缺少反馈问题尤其是自我革新的动力和可能性，更多的是服从与执行。因此，在消防工作中，权力向上集中是普遍现象，更常见的业务变化是采取更多的监督检查和制定更多的规则。因此给予基层单位和工作人员实施流程再造的权限会不足。消防部门的高层管理者更多地表现为一个政治角色和说明角色，可能没有充裕的时间和精力投入 BPR 项目中。这就意味着，一旦高层管理者更迭，继续实施 BPR 将面临困难。此外，消防部门仍然相对僵化的激励结构，会使为了进行支持流程再造进行绩效评价及人力资源管理系统的工作面临困难。

（三）BPR 的成功因素

1. 信息技术基础

信息技术是 BPR 的两个核心要素之一。随着社会的发展，信息技术已经广泛应用于公共服务部门。已经具备了基础的网络条件，其中包括机构内部的网络条件、公众网络条件以及两者之间的接口条件。目前，部分城市研发了网络版水源管理系统，制定卫星通信、高清视频系统、灭火救援指挥系统建设方案，成立了网上火灾隐患举报投诉受理中心，将现有的业务电子化，通过信息网络进行协调，并且能够将内部流程中对公众开放的各个环节的接口资源实现交互，其中包括网上练兵系统和各类型火灾处置预案，进行高层、地下、化工等多类型火灾扑救系列教学及想定作业训练，各执勤中队还能在线进行研讨互动。这些使得基本上具备了提供电子政务服务能力。

2. 队伍建设基础

良好的人力资源配置直接关系到流程再造的推进实施。BPR 是基于信息技术对原有工作流程的全面革新。这需要单位高层领导和工作人员能够理解和支持 BPR 带来的变化和产生的成本，能够适应和掌握全新的工作流程、工作方式和职责划分。这实际上也必然要求现有的消防人员年龄结构要适度年轻化，学历结构良好，防火监督检查的业务技能熟练。经过这些年的发展，已经建立成为一支有着良好素质的、一专多能的团队。

（四）妥善解决具体问题

1. 自查抽查结合，减少事后成本

对于抽查制引起的问题，确实值得注意。其中一个解决办法是对于未被抽查到的单位如何定性。现在默认未被抽检的单位已经具备合法消防行政许可的方式是造成工作被动的症结所在，这也是不符合实际情况的。只有被抽查并且通过消防备案抽查的单位，才实质上可以获得合法的消防许可，而未被抽检的单位，消防合格状态应该为"待定"。

不过，如果一直为"待定"，消防部门又没有足够的力量进行监督检查，这些建设单位的工期就要无限制延后。因此，可以设计一条规则，在抽查制不变的情况下，未被确定为抽查对象建设单位需要进行自检，自检合格后形

成自检报告加盖单位公章，向消防相关部门备案，可以获得消防行政许可。此后在日常的监督检查中如果发现存在火灾隐患，则必须无条件整改。通过这种方法，无须投入新的资源，实现了防火监督检查的目标，可以保证建筑工程单位能够顺利开展工作，对于进行自检的单位，因为已经给了选择权（认真自检、如实整改还是弄虚作假、隐瞒欺骗），那么得到的结果就比较公平合理，也容易被接受。此外，还可以形成一种技术抽查与执法巡查相结合的工作模式，寻找备案抽查与服务的最佳结合点，从源头上为公众把好审批关，把隐患消除在萌芽状态中，让人民群众实实在在地感受到消防备案抽查制度带来的实惠。

2. 文书电子存档合法，备案同步

对于消防工作来说，首要的基础是要合法。因此，无论如何，先要满足当场下发制作和送达法律文书。如果程序不合法，再先进的技术手段也已经没有应用的价值。

当然，BPR 的成果应该尽最大努力珍惜和保护。可以考虑使用现场开具文书扫描件备档的方式处理这个问题。技术上，这个问题比较好解决。程序上，主要步骤可以是这样：消防监督员正常做文案处理，与被检查单位负责人同时签字，现场即将文书用便携扫描、拍照设备制作成电子文档，发布到消防管理系统上，以此为备案。消防监督检查工作以文书扫描或者拍照上传为准，录入工作可以允许在一定时间段内完成（比如 3 天）。通过这种方式，对防火监督人员而言虽然仍然要在现场检查和之后做两遍文书工作，不过无须同一事件同样的文书找对方送达两次，而且时间上宽松，压力比较小。更重要的是，消防监督检查单位仅需要做一次完全符合消防法规定流程的工作即可，实现了服务优化，维护了法律的尊严。

此外，还可以配备消防执法移动终端，加大执法办案装备建设。

3. 动态管理，发挥人机双重优势

自由裁量权的尺度是一个公认的难题。完全由软件系统来评判消防检查单位是否应该处罚及处罚的额度，虽然杜绝了主观因素，不过无法应对复杂多样的客观情况。完全靠防火监督检查员的判断，难免会出现疏漏、错误甚至故意作假。可以尝试结合二者的优势，周期性地对软件进行修订和完善。目前的消防处罚系统还是具有很高程度的合理性和科学性的，可以试运行一两年。在这一两年内，防火监督人员必须严格使用该系统进行处罚。不过，可以赋予这些防火监督员在处罚决定上申明自己观点的权利。并且，一两年周期之后，要综合这些观点，对处罚系统中不合理的或者遗漏的方面进行完善。这样相互作用，动态循环。因为进行完善时使用的是综合意见，可以避免防火监督检查员的判断偏误或带有个人利益目的。还可以在消防行政处罚智能裁量之后，认为需要调整处罚额度的，在本部门内部由部门负责人组织集体讨论，形成集体讨论记录，在法律规定的允许浮动的范围内进行罚款额度的调整，该记录必须报防火处法制科存档。

4. 综合评分，杜绝绩效考核扭曲

绩效考核出现的问题与消防部门的特殊性有关。在企业中，销售额度、接听电话数量、完成产品件数等比较简单的指标就可以实现绩效考核的目的，并且与企业追求利润的目标一致。然而，消防部门不一样，使用文书制作的数量或者现场检查次数甚至是处罚额度多少这样形式化的衡量方式不能完全实现其社会公益性。研发执法数据分析软件，将监督管理系统数据进行提取、加工、排序，随时对执法数量进行监控，为科学研判防火工作形势提高依据。

鉴于 BPR 的宗旨和消防工作的宗旨，可以设计一个综合评分系统。比如消防管理系统的评分和被检查单位的评分各赋予一个权重。如果在所辖区域内发生火灾事故了，根据公安部火灾等级的划分标准，相应地扣除一定分数。再比如还可以通过制定一个符合消防工作实际的标准值的方式，只要防火监督人员完成的各项执法数据指标达到这个标准值即可，这样监督人员可以有充足的时间进行脚踏实地的检查，切切实实地减少和消除火灾隐患。通过以上方式，可以起到一定的纠偏作用，使监督人员不得不认真对待工作，而不是玩文字游戏。

5. 转变职能，消融层级摩擦

在 BPR 实践中，人们发现运用 IT 之后，IT 具有改变组织结构的内在力量，其中有一点就是削弱权威。比较明显的网络应用，因为具有海量的资源，传统上依靠专业知识和实践经验的权威角色作用开始下降。防火监督检查 BPR 过程中同样面临这个问题。然而，与企业将组织扁平化并受益不同，消防部门的层级结构无法灵活地进行变化，IT 技术的运用使得中层管理人员的位置比较尴尬。这种局面的产生，主要是因为原有的"管理"主要是控制和协调，这些工作大部分可以被消防管理系统取代。事实上，这对于中层管理人员来说也具有好的一面。因为重复性的事务劳动由电子设备和管理软件接手了，这些管理人员才能够有精力做计算机无法胜任的创造性工作，而且，从思想观念上，领导者要做好当"服务员"的准备。因为整个行政系统，其核心作用就是为人民服务，BPR无非是让这种功能更好实现罢了。中层管理人员需要将原有的控制和协调职能转变为消防工作创新、管理系统设计参与者、流程执行问题发现者和纠正者等新的职能，通过理念先进、视野开阔、技术高端成为另外一种角度的管理者。

信息管理人员傲慢心理的问题是个时间问题，因为系统刚投入使用，他们的工作还带有专业性，所有具有岗位优势。随着管理系统的普及应用，绝大部分监督检查人员都将熟练使用该系统，这种优越感自然会消除。这个过程可以从电脑的发展史中略见一斑。

第二节　防火监督检查工作的优化路径

当下，在城市化建设中，无论是中高楼层数量的增多还是居民生活中对于大规模电器及各色易燃易爆物品使用数量的增多，都在一定程度上增加了消防事故发生的可能性。与此同时，较之以往而言，新时期火灾事故发生的形势复杂化程度不断提升，而防火监督工作的重要性也越发显现。就防火监督工作本身而言，可以有效从根源处减少火灾事故发生的概率，保护国家财产及居民生命安全。随着我国信息化进程的不断推进，防火监督工作也迎来了新的发展机遇，通过科学运用现代信息化技术，防火监督工作可以得到有效提升，改善以往工作中存在的缺陷及问题，从而更好地发挥清理消防安全隐患，保护民众生命及财产安全的工作职责。

一、优化信息系统，推进信息化建设

信息化时代优化防火监督的最首要途径便是推进消防系统的信息化建

设，完善相关信息系统功能，通过现代信息技术结合大数据、云计算等对防火监督工作进行质的提升。

首先，各消防工作单位都应充分重视信息化的重要性，对各营业主体进行信息搜集整理，并将其录入相应信息管理平台，以便于后期进行消防设备的配备情况以及具体消防隐患的整改措施及整改情况进行查询，为防火监督奠定科学全面的信息基础。

其次，消防单位还应该为不同地区及部门之间关于消防数据信息及文件的交流共享建立稳定可靠的信息渠道，以便于各地区及时对火灾现场的具体实况进行了解，并对相应地区的消防设备等各项情况进行监督管理。

除此之外，数据库资源必须包含以往火灾情况发生的原因、处理伤亡情况以及救援反思等数据，以便于相关部门根据以往数据进行有效预防，减少事故发生的可能性。

二、直面相关问题，提升执法工作水平

近年来，防火监督工作面临的问题复杂化与困难化程度逐渐增减，以往传统的执法工作方式应该随之有所改变提升，才能适应不断变化的工作环境。

首先，消防部门可以根据自己实际发展状况采用双随机系统进行工作，通过部分防火监督工作人员的移动号办公，提高监督执法的工作效率与质量。直接在现场进行消防隐患的排查清理的同时将各项相关数据如现场照片进行网上系统传输记录，在提高效率的同时完成数据搜集工作。

其次，为改变以往复杂烦琐的行政审批流程，可以采用网络数据证书或电子签名证书等形式进行行政审批及处罚工作，只需通过移动端便可进行。在增加工作便捷性的同时，可以提高行政工作的执法速度，及时回馈给大众，提高人民群众对于防火监督工作的信赖度。

三、增加宣传力度，提高民众消防意识

为了使人民群众进一步认识到防火监督工作的重要性，优化防火监督工作质量相关工作人员必须加强宣传力度，从多种渠道提高民众的消防意识。

首先，相关消防部门应该在以往传统的消防知识实地讲解的基础之上，增加网络知识宣传，充分利用消防信息系统的便捷性，同时可以以有奖竞答或者趣味科普视频的形式将相关消防知识传递给群众，增强其消防意识，使其习得一定的消防自救知识。

其次，防火监督工作部门应该进一步提高监督执法工作效率与工作透明度，对于人民群众不了解以及关注的问题进行及时解答，并做出反馈，使人民群众真正意识到防火监督工作的最终目的在于为人民服务、保护人民权益。同时对于违规操作等不良行为进行及时曝光及处罚，增加公众对于监督工作的信任度，从而为防火监督工作减少不必要的阻碍。

四、完善队伍建设，提升人员工作能力

优化防火监督工作除了进行信息化建设，加大防火知识宣传以及提高工作执法水平之外，还应该从工作队伍自身出发。

首先，应该为防火监督工作选用更多的信息技术人才，为信息系统的优化更新以及相关具体操作奠定必要的人才力量基础。

其次，应该从多种途径提升防火监督工作人员自身的专业素养，在锻炼其专业实践能力的同时加强职业道德培训，进而使其能够在进行监督工作时更加耐心负责。

最后，应该进一步加强对于工作人员的信息技术知识培训，信息化是时代背景也是大的发展潮流趋势。通过运用信息技术，防火监督工作可以实现质的提升与飞跃，相关工作人员必须与之发展进步。

总而言之，优化防火监督工作对于正确处理更加复杂的消防隐患具有重要作用，而信息化的大时代为防火监督工作带来了诸多便利，科学运用信息技术可以有效优化防火监督工作质量。因而相关工作者应该深刻认识到信息化与防火监督之间的良性关系，不断提高群众消防意识，优化自身工作队伍，完善信息系统，真正发挥防火监督工作的作用，减少火灾发生的可能性。

第三节　智慧消防及其在防火监督检查中的应用

随着信息社会的建设，我国倡导在发展和落实消防监督工作的过程中要高效利用互联网、云计算、移动网络等技术推动智慧消防的建设，这样能够推动信息化与消防工作更为高效地融合，全面提高社会的控火能力与救援水平，也有利于传统消防向着现代化消防转变，使工作理念与工作模式与现今的社会环境更加相符。这种现代化的消防监督工作更有利于我国社会经济更加稳定地发展。智慧消防的研究要结合实际情况进行推动与落实，还要结合防火监督的业务工作特点制定合理的发展方向，在充分发挥智慧消防作用的同时，从根本上保证社会的安全和稳定。

一、智慧消防的背景与意义

(一) 智慧消防的背景

社会安全工作一直是城市管理和政府公共管理的重要方面，而社会火灾形势稳定和社会救援工作的顺利完成是城市管理安全稳定的重要基础。对于消防队伍而言，职责使命就是认真落实"预防为主、防消结合"的消防工作方针，对社会消防安全进行严格的监管，同政府与广大民众一起做好火灾预防工作，将火灾所带来的损害降至最低，保障广大人民群众的财产与生命安全；强化消防法规和知识的宣传工作，指导、协助相关单位做好本单位的宣传教育工作；定期组织消防队员进行专项训练，提升其体能与专业救援技能，配备消防装备器材，并熟练掌握其使用技能与维护技巧，提升火灾扑救、应急救援各方面能力；担负火灾扑救和各类重大灾害事故及其他应急救援工作，保护全社会百姓的人身和财产安全。

当前，我国正处于发展的关键阶段，火灾形势平稳和社会安全稳定，也是城市经济发展的基本保障。坚持把智慧消防建设作为队伍现代化建设和创新的突破口，确立以智慧消防建设带动队伍全面建设的整体发展思路，积极应用信息技术和手段，提高队伍在信息化条件下遂行中心任务的能力，是确保消防队伍完成任务、有效履行使命的根本举措。

　　智慧消防建设是在当前社会向信息时代迈进和国家加快信息化建设步伐的大背景下，推进消防队伍现代化建设的重要举措。在这种大环境下，信息社会变革对智慧消防建设提出了新的目标，信息技术发展为消防队伍建设注入了新的动力，消防工作改革创新发展需求为智慧消防建设带来了新的发展机遇。

　　现如今，各类新兴技术走进了人们的日常生活，为人们带来便捷的同时，也深刻影响了社会经济的发展，随着信息技术的不断更新，重塑了经济、社会、文化等各方面发展的新局面，为更好地适应城市发展进程，城市公共管理的智慧社会、智慧城市概念相继被提出，并开始在全国各地全面铺开。迎接信息化发展带来的新契机和新挑战，跟上时代步伐和信息化的全球化变革，加速启动智慧消防发展步伐，已经成为消防队伍建设发展和消防监督管理的必然选择，为消防智慧化建设提出了新的目标。

　　当前，社会已进入了以信息技术为支撑的信息中心时代，对信息系统架构、技术体制、推进方法、关注重点等方面产生了革命性的影响，已经促使信息化建设发生了质的飞跃。主动利用全球信息技术及其环境变革的技术基础条件，促进创新进步，为智慧消防建设注入了新的活力。信息技术的广泛应用改变了消防队伍战斗力生成模式，对加速推进智慧消防建设提出了迫切要求。加快消防机构的改革创新发展，逐步建立起一支与信息时代发展要求相适应的现代化消防队伍，是消防队伍创新发展的战略使命和历史任务。

（二）智慧消防的意义

　　目前，经济社会和城市建设正在迅速发展阶段，随着城镇建设进程的不断推进，全国各地先后建成了许多商场、医院等大型公共建筑和大型住宅小区，与此同时，火灾的不确定性也不断上升。城市高速发展带来的城市建筑的复杂程度较高、火灾负荷大、危险性高等新问题，对防火、灭火提出了许多新要求。社会消防安全面临更多的新挑战、新情况、新问题，在很多方面必须通过智慧消防建设来解决，所以智慧消防建设发展迫在眉睫。

　　同时，消防安全责任主体多元化，导致管理消防安全的难度进一步提升。消防安全可为城市的发展起到有效的保护，社会对消防安全的重视度也日益提高。火灾隐患、设备情况以及单位管理一直处于变化之中，为此必须对监管模式加以创新与优化,借助"互联网+"在第一时间掌握相关信息,打造一个可随时响应的火灾防控网。消防信息化的深入应用,可进一步加强智慧消防建设工作,助推消防各方面工作取得更好的成效。

近年来,按照公安部、应急部的相关要求,全国消防队伍正在逐步启动智慧消防建设,对相关内容进行会议研讨、实地研究、试点测试。具体来看,全国各地智慧消防事业尚处于摸索起步阶段,各个地区在经济水平、教育水平以及文化水平上都存在许多差异,发展程度各不相同,它们所开展的智慧消防建设工作不仅存在相同之处,同时也不可避免地存在一些差异,因此无法一概而论。

二、概念界定与技术基础

(一)智慧城市与智慧消防界定

1. 智慧城市

这几年,国际上对于网络信息技术发展以及智慧城市的建设重视度越发增强。外域国家为了能够尽快跟上时代发展的步伐,都陆续开始针对智慧城市建设工作拟定相应的计划,在此基础上建立合理目标,致力于加大网络信息以及智慧城市建设工作的力度。除此之外,一些网络信息技术行业的佼佼者也逐渐在美国硅谷研究所出现。我国也高度重视智慧城市建设,2012年之后,国家先后成立了数百个智慧城市试点项目。在这一过程当中,智慧政务和智慧民生都将会成为后续很长一段时间发展过程中的重中之重。这意味着我国的智慧城市建设即将迈入一个崭新的阶段,并体现了我国人民群众对于生活的美好向往以及追求。国家对于智慧城市建设的考虑从以往单纯的政府角度逐渐转换成为群众角度。

智慧城市概念是新时代信息技术变革的产物,也是一种新兴的城市发展理念。智慧城市所依托的技术主要为人工智能、云计算、物联网等,将经济、人、通信以及资源等要素进行整合,从而确保城市管理模式更加科学合理,为人们创造更加美好的生活。智慧城市的关键特征在于能够实现更加深层次的感知以及互联,从而使应用智能化不断提升。

要想确保智慧城市实现完善构建,就必须对信息基础设施进行完善,在此基础上对信息资源以及技术资源加以利用，全方位提升城市的管理效率，为人民提供更加高质量的服务。

2. 智慧消防

智慧消防是智慧城市公共安全建设项目过程中的重要内容。当前，智慧消防建设工作正在持续推进当中，它的不断发展可以全方位提高国家消防队伍的业务水平以及应急救援实力，改善防火监督管理水平，从源头上解决我国各地区防灾救灾能力薄弱的问题。我们必须以实际为出发点，基于具体存在的问题来实现、改造智慧消防建设工作，这样才可以从真正意义上实现为国家现代化城市的建设做铺垫的任务。

智慧消防就是将大数据、云计算等高新技术相结合，实现消防数据专业化、动态化采集，拓宽数据采集范围，提升数据分类、分析的智慧化水平，全方位提升消防队伍的火灾预测预警功能和社会防范和抵御火灾能力，为社会消防工作提供新的方法和模式。

(二) 智慧消防的支撑技术

1. 大数据技术

(1) 大数据及其特点。大数据技术所指的是在海量的数据当中，对信息实施高效分析从而获取高价值信息的能力。大数据是人们在大规模数据的基础上可以做到的事情，而这些事情在小规模数据的基础上是无法完成的；大数据是人们获得新的认知、创造新的价值的源泉；大数据还是改变市场、组织机构，以及政府与公民关系的方法。大数据及海量、高增长率和多样化的信息资产以及对海量数据的利用意味着能以完全不同的方式解决问题。可以用5V来概括大数据的特点：

①大容量（Volume）。大容量是大数据区分于传统数据最显著的特征，传统的数据处理没有处理足量的数据，并不能发现很多数据潜在的价值；大数据时代随着数据量和数据处理能力的提升，使从大量数据中挖掘出更多的数据价值变为可能。互联网的发展、移动互联网的广泛应用、社交网络的兴起、自媒体的产生，使得人们能够通过电脑、手机、微博、微信、空间等各种平台、渠道、终端实现信息的获取和传播，在此过程，将产生大量的数据。这些数据通常能够达到 TB（1TB=1024GB）、PB、EB、ZB、YB、BB、

NB、DB甚至更大的级别。

②多样化（Variety）。多样化主要说的是大数据的结构属性，数据结构包括结构化、半结构化、准结构化和非结构化。结构化数据是指通过一定的组织安排、程序设计和规定算法收集到的数据，这类数据具有明确的层次结构和逻辑关系，能够与其他数据直接进行交换、计算，并且这类数据具有一定的操作规范，数据的收集、处理和应用较为简单。半结构化数据具有一定的结构性，但没有严格的模型、程式和关系，其数据结构变化很大，不能通过简单的模型对数据进行直接应用。非结构化数据是与结构化数据相对而言的，这类数据突破关系数据库中数据结构和限制因素，在处理连续数据方面有着结构化数据无可比拟的优势。大数据主要面向半结构化数据和非结构化数据。按照数据载体的不同，大数据可以分为图片、文字、数字、声音、视频、符号等；按照产生对象的不同，可以分为个人、企业、组织、政府等；按照产生场所的不同，可以分为生活数据、消费数据、工作数据等。

③快速率（Velocity）。从数据产生的角度来看，数据产生的速度非常快，很可能刚建立起来的数据模型在下一刻就改变了。从数据处理的角度来看，在保证服务和质量的前提下，大数据应用必须要讲究时效性。因为很多数据的价值随着时间在不断地减少。

④价值性（Value）。大数据的价值性可以从两个方面进行理解：数据质量低，数据的价值密度低。各种不同类型的数据，都有特定的来源，例如，人们在网上消费中对商品信息的浏览，人们在运用手机查看新闻时所处的时间段，这些看似单体分散的数据，实际是对人们生活、消费、工作等的真实描述，而行为、信息、数据的产生自然有其内在联系，也就因此内含了其中的逻辑。数据是行为的表现，将这些数据集中起来，并以特定的方法进行组织、推理、测算，便可发现其中的规律，对这些规律进行充分的开发和应用，即可实现数据的价值。

⑤模糊性（Vague）。采集手段的多样化、传感器本身监测精度与范围的局限性、监测信息变化的非线性和随机性、自然环境的强干扰性等，使采集到的数据具有模糊性。在大数据处理过程中模糊性也会带来巨大的影响。因此，数据的挖掘和清洗、算法的模型和因子选择、机器训练等就变得很关键。

（2）大数据技术在消防工作中的应用。消防工作中大数据的应用已初现端倪，其主要体现在以下两个方面：

第一，灭火救援方面。收集近年的火灾数据，对其进行对比分析，找出火灾发生的重点区域，在此基础上设计火灾分布趋势图，对其进行动态更新；结合火灾类型、周围环境等一系列信息，对火灾的发生规律进行分析，从而为各种消防资源的配置工作提供指导。

第二，火灾防控方面。依托智慧城市建设，通过获取消防控制室设施运行情况、建筑电气线路维修情况、气象情况、企业税收情况、企业诚信情况等数据，对各个建筑、单位的火灾危险性进行评估，有针对性地开展消防监督检查和隐患排查工作。

2. 云计算技术

（1）云计算及其特点。云计算的基本原理是令计算分布在大量的分布式计算机上，而非本地计算机或远程服务器中，从而使得企业数据中心的运行与互联网相似。云计算具备相当大的规模。这些资源使"云"能赋予用户前所未有的计算能力。

云计算主要的特点如下：

第一，基于互联网。云计算通过把一台台服务器连接起来，使服务器之间可以相互进行数据传输，数据就像网络上的"云"一样，在不同的服务器之间"飘"，同时通过网络向用户提供服务。

第二，按需服务。"云"的规模是可以动态伸缩的。在使用云计算服务时，用户所获得的计算机资源是按用户个性化需求增加或减少的，然后根据使用的资源量进行付费。

第三，资源池化。资源池是对各种资源进行统一配置的一种配置机制。从用户的角度来看，无须关心设备型号、内部的复杂结构、实现的方法和地理位置，只需关心自己需要什么服务即可。从资源管理者的角度来看，最大的好处是资源池可以几乎无限地增减，管理、调度资源十分便捷。

云计算是以互联网为依托而实现的服务增加、运用以及交付形式。云计算这一模式需要根据具体的使用量来进行费用支付，它能够根据用户需求提供方便易于使用的网络访问，与此同时访问可进行配置的计算资源共享池，其中的资源可以在短时间内提供出来，不需要过多的管理支持，也不需要与服务商之间进行过多交互。

（2）云计算在消防工作中的应用。云计算在消防工作中的应用主要运用在数据资源的整合分析和城市火灾监控两个方面。大量的数据汇集是整个云计算启用、正常运转和测算的基础。在系统建设完成的基础上，打通云计算系统与基层实战、机关决策等各项工作之间的关键环节，将消防工作的海量基础数据不断地汇聚到大数据平台之中，将其加工成有价值的、可靠的火灾形势分析报告和业务指令，成为灭火救援和业务开展的得力助手，助推消防工作形成科学化的智慧决策机制。同时，在消防物联网技术不断发展的基础上，将报警监控系统与消防大数据系统联网，汇集各地区重点单位、高层建筑等各类型单位的消防设备设施数据，并对其开展远程监控和数据分析，科学归纳总结各个消防重点单位的消防安全隐患和日常管理情况，使得消防监管部门能够直观了解各单位实时情况，为各级消防部门火灾防控和火灾事故调查工作提供有利帮助和信息依据。

3.人工智能技术

人工智能指的是试图于深层次掌握智能的内涵，在此基础上形成一种全新的、可以按照人类思维方式做出反应的智能化机器。这些智能化机器主要涵盖语言识别、图像识别、语言处理以及专家系统等功能，能够实现人类意识的模拟。

消防领域中，不能实现万物互联、物联物通的消防产品及生产企业即将淘汰。人工智能可以实现消防设施自主运行、自我诊断、智能控制，在萌芽或者初期状态将火灾扼杀、扑灭。未来，在高温、浓烟、有毒等各种危险、复杂的现场情况下，使用具有智能分析判断功能的机器人、无人机，辅助或代替消防员，进行灾害事故现场的侦查，参与救助被困人员，进行冷却作业以及其他相应的灾情处置，消除灾害和扑灭起火点。

4.互联网技术

所谓互联网技术，具体所指的是基于计算机技术开发的全新信息技术，英文简称为IT。互联网技术已经随着时代的发展成为当前的主流工具，这也标志着我国正式迈向了信息化社会。互联网技术包括传感技术、通信技术和计算机技术。这三种技术可以作为人类感官的延伸，其中最具有代表性的案例为条码阅读器。同时，它也作为人类神经系统的拓展，能够实现信息传输的任务。此外，它也作为人类大脑系统的延续，能够对大量信息进行高效处理。是我国台式互联网发展到目前为止的必然趋势，下一步便是实现移动互联网的全方位发展。移动互联网的主要优势在于将移动通信以及互联网技术融合在一起，形成一种一体化的活动类型。

在移动互联网技术的逐步成熟下，依托互联网实现的手机客户端以及账上电脑设备必然会发展成为日后"互联网＋消防"技术系统的重要终端。而在具体业务上，"互联网＋消防"技术系统所关注的焦点更倾向于业务模式创新，并依赖技术措施将消防监督与社会公众融合在一起。除此之外，它也是构成智慧城市的关键要素，因此必须实现与智慧城市中其他子系统之间的相互融合。

"互联网＋消防"主要应用的技术有传感技术、网络技术、云计算技术等，是一种综合多门学科与领域的技术系统，它能够在消防系统的各个方面实现有效运用。现阶段，该系统正处于开发的起步阶段，重点关注一些通用问题的解决，除此之外安全问题以及标准化问题也是其中之重中之重。"互联网＋消防"技术要想实现更长远的发展，首先必须做好规范化管理，构建一个标准的管理体系，并在政府方面获得相应支持。随着"互联网＋消防"技术的不断发展，它对于传统消防行业所产生的影响也将逐渐凸显出来，尤其是在业务模式的改革上必然会起到重要作用，并全方位提升消防工作的安全性。

5. 物联网技术

（1）物联网及其特点。物联网这一技术是互联网技术的拓展，它将互联网技术中的用户端拓展至所有物品间，从而实现信息传递与交换。所以说，物联网技术是根据预定好的协议，将互联网与相关物品进行连接，从而实现信息传递与交换以及搜集。

物联网涵盖了多种类型的感知技术。物联网配备了大量的传感器，每个传感器都是可以捕捉各种信息的信息源。传感器具有实时性，它可以对搜集的数据进行实时更新，按照一定周期和频率搜集信息。物联网是泛在网络，是以互联网为基础的网络。互联网是物联网的关键核心和关键，以各种有形或者无形的网络联结物联网可以准时、准确、精确地传递出物品的各种信息。物联网需要借助网络将传感器所搜集的各种信息进行传输。其搜集的信息量巨大，因此需要搭建各种异构网络和传输协议，否则信息将无法实现有效传输。最后物联网的高层有智能化的处理方式，能够智能化处理物体，而不仅仅局限于联结传感器。物联网可以借助各种智能技术如模式识别、云计算，将智能处理和传感器相融合，并逐渐拓展到其他领域。

物联网具有以下四种特征：

①连通性。连通性是物联网的本质特征之一。物联网的"连通性"有三个维度：a. 任意时间的连通性；b. 任意地点的连通性；c. 任意物体的连通性。

②技术性。物联网是信息技术不断发展的产物，覆盖了通信技术、未来计算两大技术，智能嵌入技术、无线射频技术、纳米技术、传感技术等技术在物联网发展过程中扮演着至关重要的作用。

③智能性。物联网把世界中的万事万物以智能化的传感方式进行连接，将物质生活进行网络化、数字化处理。物联网可以对人类的生活环境进行智能感知，尽可能地观察、利用人们身边的各种资源，以便人们做出正确的决定。

④嵌入性。物联网包含两个层面的嵌入性：a. 人们生活的环境被嵌入了各种事物；b. 人们的生活和工作被嵌入各种与物联网有关的网络服务。

海量存储、全面感知、智能处理、可靠传输是物联网的四大特点。借助传感器、二维码、RFID、各种机器可以实现全面感知，方便展示各种物品的动态特征，进而借助互联网将感知到的各种信息及时、准确地传输出去。如今物联网已经覆盖生活的各个方面，因此其传输的信息是否真实变得至关重要。

海量存储是指把感知的信息通过文件系统、数据库和大数据等技术进行高效存储，提供给相关用户进行分析挖掘和进一步处理。智能处理是指利用云计算等技术及时对海量信息进行处理，挖掘数据潜在价值，真正达到人与人的沟通、物与物的沟通、人与物的沟通。

（2）物联网在消防中的应用。"物联网科技在许多行业的发展进程中起到了关键的作用，因此有关部门需要拓展物联网的应用，提升社会总体管理能力。"[①] 物联网在消防领域中的应用主要有以下方面：

首先，满足社会消防安全管理的要求。目前，社会消防安全管理过程

---

① 黄恺. 物联网技术在智慧消防中的应用 [J]. 中国科技信息，2021（09）：113-114.

中存在一些问题，如安全责任制度无法充分落实到具体的部门以及人员，没有及时根据维护保养计划对消防设施进行维护保养，导致目前的工作绩效与预期消防安全管理状态存在极大的差距。传统的技术致使现阶段工作方式始终不能满足社会消防安全管理不断变化的要求，当前在消防安全管理中使用的技术远远达不到现实需求的标准。物联网技术的出现迅速解决了消防安全管理工作所面临的难题，帮助走出了身陷已久的困境。例如，通过射频识别技术（RFID）以及视频监控系统能够针对重点消防单位控制室当中的状态实施 24h 监控，确保工作人员 24h 在岗；通过传感器技术针对建筑当中设置的消防设施实施数据收集，将有关数据录入系统，对其进行远程管控，全面提升消防监管工作的安全性以及规范性。

其次，消防队伍的灭火救援水平得到提升。随着科学技术的发展以及各种现代化电子产品的诞生，消防部队的救火任务逐渐增加，且处理的火场情况也呈现出多样化特征，在灭火救援过程中往往会面临一些问题，如信息无法及时传递、决策指令缺乏科学性、对现场状况缺乏了解等，物联网技术的出现很好地解决了这些问题。它具备全方位感应、高可靠传递、智能化处理三大优势，十分有利于上述问题的解决。

在受灾现场设置大量微型多功能传感器，能够对受灾现场的情况进行高速感应并进行传递，实时采集受灾现场各个关键场所的温湿度、风速以及有害物质浓度等数据，并将数据在第一时间反馈至指挥中心，为指挥中心的决策提供全面依据，为受灾现场信息传递以及获取更多的时效提供保障。所谓人员安全管理的智能化，具体所指的消防员通常需要前往并进入受灾现场进行探查以及实施灭火，然而现场恶劣的火灾环境很容易对消防员的生命安全造成威胁。

针对这一问题，物联网技术提出了这样一个方案：每一位进入火场的消防人员都必须随身携带电子标签，并在其中注明消防员姓名、入场时间、空气呼吸器压力等内容，一人一号，在进入火场时读写器将会自动扫描电子标签并将信息存储至系统中，在救援过程中能够准确定位每一位消防人员的具体位置，并将采集到的数据以无线传递的方式发送至数据库。客户端可对其进行实时阅览以及控制，一旦发现空气呼吸器的压力以及消防员工作时间与标准值之间出现偏差，指挥员可通过无线网络提醒消防员立刻撤回安全区域。每一位入场消防员可随身配备传感器，用来对心跳、体温等数据进行实时监控测量，并发送至指挥中心。指挥中心一旦发现消防员的生命体征参数偏离正常值，可通过移动网络发出提醒，要求消防员撤离火场。若消防员无法通过自己的能力撤出，指挥中心则应安排其他救援人员进行协助。

三、智慧消防建设的经验借鉴

(一)依托大数据应用——江苏模式

江苏应用大数据技术、移动互联各类信息系统，全面实现信息共享，逐步构建信息数据为引导的新体制。该工作所遵循的基本原则是：对网络进行联通、对数据进行汇集、对平台进行搭建、对应用进行加强。

(1)通网络。借助边界接入平台以及省公安厅来实现与政府机构之间的信息互通，使三者建立联动关系，进一步促进数据共享网络条件的达成。

(2)汇数据。以警务云作为依托，构建一个以全省为单位的标准化消防数据机构。

(3)搭平台。加强自主创新力度，构建一个江苏省消防大数据综合业务管理服务平台，并将这一平台作为江苏省消防大数据最官方、最权威的展示以及发布平台。在以往的环境之下，信息系统之间保持着相互分离的关系，因此无法实现数据间的高度共享。作为大数据平台而言，它的重点任务就在于针对信息系统实时集成化管理。将相互独立的信息系统各自产生的数据，汇集到统一的大数据资源池；同时，大数据资源池通过大数据平台，为各个相互独立的信息系统提供数据服务。

(4)强应用。主要体现在以下三个方面：

①火灾风险预知预警、精准防控的水平明显提升，主要有以下五个类型场景的应用：

第一个场景是联网监测，实现单位消防安全风险数据实时共享和预防关口前移，构建了江苏省标准化建筑消防设施联网监测系统。根据高层建筑消防安全综合治理要求，对高层建筑的具体数据进行了收集与输入，使社会单位对于主体责任的落实更具动力，优化消防监督管理的工作效率，对火灾火情进行高效处理。以各地级市为单位建立电气火灾联网监测系统。通过建设危化品企业安全风险数据联网监测系统，对全省危化品企业初步实现了底数清、情况明，确保了危险化学品的安全动态监控以及预防超前进行移动。

与省交通运输厅数据共享，可以实时查询江苏境内在途危化品车辆运输情况，获取运载车辆的危化品品名、数量、危险性、处置措施等核心数据，为有效处置危险品道路运输事故提供支撑。叠加一定时期内危险品运输轨迹图与消防队站地理分布图，可以分析消防力量布局与危险品运输的对比关系，指导消防队站规划，指导相关消防队站有针对性地加强装备建设和日常训练。

第二个场景是运用数字地图技术，快速查找消防工作薄弱环节。通过查看热力图，可以直观掌握全省警情、火灾、火灾隐患等要素的总体态势。通过叠加全省火灾热力图、火灾隐患热力图，可以快速查找出全省火灾多发但是火灾隐患数据少的地区。根据火灾与火灾隐患的正向比例关系，可以判定这些地区实际上是消防安全检查少以致火灾隐患被发现得少的地区，可以据此对这些地区加强针对性消防安全检查，达到精准防控的目的。

第三个场景是火眼模型预测建筑火灾风险。在大数据平台当中，单位建筑火灾风险预测系统是其中一个非常关键的应用。火眼可全面搜集以往的火灾信息、单位建筑的基本信息等，并通过计算机针对单位建筑实施风险实时排序。应用系统向火灾风险排序靠前的社会单位以及对其负有监管职责的机构提前推送预警信息，使火灾预防的针对性大幅提高。

第四个场景是电信数据分析，预判"三合一"场所。"三合一"场所面广量大，排查难、整治难，易反复、易回潮，一直是江苏省火灾防控的重点和难点。应用大数据技术，对疑似三合一场所夜间10点至次日凌晨4点上网等电信数据进行分析，预判三合一场所，再通知辖区网格员现场核查，极大地提高了监管效率。

第五个场景是水电气数据分析，预判群租房。江苏省群租房火灾时有发生。以往主要依靠派出所、物业单位和基层组织排查群租房现象，工作任务十分繁重。通过大数据平台可以共享本地区水电气数据，将单户水电气消耗数据超过本地区户均用量6倍的房屋，预判为群租房，再借助通信系统自发地将预警信息推送至户主以及派出所，对现场的具体情况进行核对与检查。针对当前的具体实施情况进行分析可知，预判断能够实现九成以上的准确率。

②稳步提升各级消防重点单位自我管理制度和消防责任落实。为了解决单位消防安全自我管理水平不高和主体责任不落实等问题，同时建立了"微消防"系统，完善补充重点单位自我管理制度。这些系统通过事先录入单位消防安全检查项目和检查标准，内置单位火灾风险评估模型，基本解决了重点单位出现不会查、不愿查等现象。

③队伍灭火救援科学化水平明显提升。在大数据平台研发阶段，总队充分考量了灭火救援相关业务要求，设置了灭火作战指挥系统和数字化预案模块，丰富完善了平台内容，为全省消防队伍日常灭火作战指挥和任务执行提供了科学的决策辅助，助力灭火作战指挥效率性和科学性的不断提升。

(二) 围绕"云上贵州"运用——贵州模式

面对"高大密"社区消防治理难题，省、市消防部门推进"云上贵州"模式全面推进贵州智慧消防建设。将花果园作为试点区域，在政府的帮助与扶持下开发相应的软件平台，将社区智慧消防管理平台在社区内进行推广应用，通过大数据技术实现人防、物防以及技防之间的有机结合。

(1) 确保监控设备能够实现全方位覆盖。首先，在消防设施监控方面，将火灾报警控制器所输出的数据与平台对接在一起，在消防给水系统最不利点设置压力传感器，在消防水池以及水箱设置液位传感器，将普通阀门通过信号阀来替代，在消防水泵当中设置电子巡检设备，确保这些设施24h都处于监控状态。其次，对电气设备实施监控。将电气火灾监控装置设置在供电回路当中，对电压、电流、温度等参数实施24h采集，一旦识别出异常便发出自动警报。

(2) 落实全方位无死角消防管理工作。①工作指令的自动化发布；②对巡查记录实施自动化检查；③针对存在的风险做出及时识别和改进，保持跟踪。系统会自动发送风险处理状态至负责人员，同时自动对后续整改进度进行持续跟进；④对工作绩效实施自动化评价。系统统计巡查检查、隐患整改情况，自动对物业管理人员工作绩效进行打分，确保成绩、工资水平、奖励惩罚联系在一起，调动员工的工作积极性。

(3) 数据负责鉴别、平台负责下发指令，确保火情处理过程中不出现差错。第一，火警信息前期报警发送。在火灾报警系统自动发出警报声后，系统会找到相应的视频，对其中相关内容进行识别与调取，通过这一方式来确认火灾是否存在以及火灾的严重程度，将红外热成像报警设备安装在社区制高点，对相应的数据进行自动识别、收集以及比较，从而提前预知火灾的存在，当火警得到确认后，将具体的报警信息传送至调度中心。第二，消防能力自动处理。确认火警后通过手机 App 和调度装置，发送指令调集在场人员扑救初起火灾，将附近的消防资源调动至现场，及时将信息传达至工程技术人员，以保证消防设施的顺利运行。第三，人员疏散自动组织引导。系统借助社区公共服务 App 将火灾信息推送至群众，并提示在疏散过程中需要注意的问题，安排物业管理人员做好相关的疏散工作。

（4）数据负责思考、平台负责判断，对火灾等风险实施360°无死角的管理：一是远程智能监管。通过云计算这一技术实现历史数据的识别分析，并针对建筑所对应的风险等级进行自动评定，从而为消防机构的工作安排提供充分的依据。二是精准宣传提示。通过社区公共服务 App 来实现用户基本资料的搜集，根据用户需求为其推送个性化的消防知识以及信息，调查群众在日常生活中存在的安全知识盲点以及误区，调整宣传提示重点。

四、深入推进智慧消防建设的对策

智慧消防的建设不是简单的多个项目的集合，而是从整体规划入手，作为一项战略性、全局性的工作充分考虑，形成未来一段时期内智慧消防发展的整体框架。智慧消防建设能够有效缓解城市发展过程中存在的一些问题，尤其是安全管理问题，从而帮助政府服务朝着以人为本的方向逐渐转型。

(一) 科学制定发展规划，拓宽经费来源

站在战略角度来分析，智慧消防建设过程离不开长期计划。智慧消防规划工作需要在科学合理的论证后建立后台，使发展计划的权威性得以保障，不能对其进行轻易更改。

一些省份的消防工作近些年也出现过部分先期规划缺乏前瞻性，很短时间就被后面规划推翻重来或者寿命太短，几年时间就面临淘汰的案例，这种情况必须坚决杜绝。全面杜绝这种与智慧以及经济相违背的现象发生，提升发展规划的合理性以及权威性，确保消防发展能够一直以科学规划为导向进行。

在对发展规划进行制定的过程中，需要认真听取专家意见，同时也不能排斥相关部门的声音，对于无法获得大部分群众认可的规划应暂停或取消出台，预防后期产生的建设性浪费。

重视智慧消防建设规划工作，将每一笔资金都花在最需要的地方，落实好每一件工作，以获得群众支持。此外，在开展智慧消防规划工作时应充分结合本省在智慧城市建设过程中所具有的特色，以实际情况为出发点，采用分层化战略，通过示范起到引导带头作用，全面确保智慧消防建设规划工作持续稳健地进行。

任何工作的开展都离不开经费的支持，必须抓住政策机遇，积极争取地方政府财政支持，努力拓宽资金渠道，落实智慧消防建设、应用、运维、教育培训与训练经费，重点工程项目争取列入地方智慧城市发展规划。严格执行国家相关政策及规定，加强资金管理和监督，建立科学、规范的管理制度。在保障各地政府对智慧消防建设资金支持的前提下，将智慧消防建设投资纳入政府财政年度预算，并积极争取各级政府智慧城市专项建设资金支持。同时，发挥政府主导和引导作用，吸引各类社会资本参与建设，形成全社会合力推进的智慧消防建设新格局。

(二) 抓好基层融合发展，合理利用社会经济资源

1.夯实基础，做好智慧消防与基层建设的融合

智慧消防是为了让我们以一种更加理性的思维对我们现今的消防现状进行分析，我们必须发展更加科学的方法和手段，来应对不断出现的困难和难题。比如，消防人员去救一名被困群众，现在不仅要求我们要把人救出来，而且救援人员不应该再给被救人员带来二次伤害，应该科学地将被困群众从困境中解救出来。基层消防部队的智慧化建设是实现智慧消防最有效最直接的方式，也是我们现在重点的工作方向，倘若我们可以在基层消防部门中实现全面的信息化建设工作，也就使智慧消防的发展向前迈进了一大步。

所以，我们应该坚持对基层消防部队进行智慧消防基础性建设，它是我们发展消防事业的第一要务。

基层队伍在开展智慧消防建设工作的过程中，需要充分结合实际发展程度将工作进行分类：①将每一名消防作战人员的位置和身体状况实时上传到主计算机，并将其链接成一个网络，由主计算机进行分析，可以获取所有消防人员的个人信息，从而更好地对救火现场进行部署与安排。并且应该将所有信息传递给每一名消防作战人员，让其也可以在救援过程中对全局情况有所了解。②在构建信息网络群体的过程中需要注意依托系统来进行，并依托网络构建内外交流平台，从而实现信息的高效传递，强化技术学习力度，提升管理工作的规范性。③构建系统的信息数据库，专门负责对基层消防部队在日常工作中出现的问题以及数据进行收集分析，方便我们的基层指挥员对其队伍能有一个合理的把控，如水源数据库、兵源数据库、物资管理数据库等。

2. 因地制宜，做好智慧消防与城市发展的融合

智慧消防在建设过程中需要得到政府的大力支持以及引导，特别是在智慧城市初期的市场培育过程中，政府拥有了大量的资源，如政策资源、公共资源的分配权等。另外，政府还有建设的标准制定权，这些实际上都可以为智慧消防的建设和培育发挥巨大的作用。智慧城市发展，政府性的投资比重很少，大部分是依靠社会投资。引导社会投资就是让社会投资能够赚钱，所以有了市场，能有钱赚，这个资金才能进来，有了资金进来之后，才能真正地把智慧消防工作做大做强。

部分发达地区采用大规模资金开发的智慧消防先进系统和模式，不能完全地照搬应用，必须结合各地的实际经济状况，以更优更经济的方式进行借鉴和应用。所以更加迫切需要我们以更优的方式推动与社会经济相结合的智慧消防的发展和推广工作。

在社会中进行普及以及推广时，消防部门需要扮演的是裁判员的角色，以消防部门单方面推动或者由政府负担所有建设费用，并非长远之计，前期资金投入量大，后期维护资金压力巨大，必须依靠社会力量参与。

以物联网建设为例，由消防部门制定相关的方案规划、技术参数要求、技术规范规定，由政府投入初始启动部分资金和基本建设布局，同时充分发

挥企业主体作用，主动对接各大科研院所，吸引中国移动、联通、电信等国家大型通信运营商企业，邀请支付宝、华为等物联网产业国内各方面领军型企业和人才加入智慧消防建设发展计划，由使用单位自行管理，国家大型企业负担所有物联网设备的安装、指导、维护、服务工作，收取相应的维护管理费用。这样，建设的效率会更高，建设的周期会更短，尤其是后期的运营效率会更高，这种模式应该是一个新的发展的趋势。

智慧消防要量力而行、尽力而为、突出重点、讲求实效，这是对智慧城市建设务实的本质要求。避免华而不实的建设，避免脱离实际的项目，将先进经验与实际情况紧密结合，真正让智慧消防发挥惠民便民的功能。智慧消防必须结合城市和地域特点，科学制定目标。让条件成熟的智慧消防成果在适宜地区先行先试，优先建设一批示范效应明显的试点单位。在探索中积累经验，不断完善，以示范应用建设形成辐射效应，带动各领域的应用建设，整体推进智慧消防建设工作。

（三）强化创新驱动，推动平台融合互通

（1）突出智慧应用。现阶段，支撑智慧消防建设工作持续推进的主要推动力为不断的技术更新以及广泛的技术应用。所以，在智慧消防建设起步时期，应全面抓好技术更新以及推广应用，在建设工作的持续推进下努力将技术更新逐渐拓展至服务模式、机制体系、科研技术的创新。在此过程中必须加强三项工作：首先，重点推进智慧消防建设过程中的核心技术，推动科技创新技术的产业化发展，加深"两化"的有机结合；其次，致力于系统化智慧应用的研发，从而推进基础设施构建，通过全面应用来加速智慧消防事业的发展；最后，完善标准化体系，实现资源的整合与共享，为项目全面运用于推广打下基础。

（2）完成平台融合。通过构建消防信息大数据云服务平台，用户对信息服务机构物理存储实体的依赖程度大大降低，用户将更加关注服务平台提供的云计算、云存储服务的便捷性、兼容性、准确性。通过大数据云服务平台的建立，综合信息数据将达到充分共享的程度，数据的价值将得到充分体现。站在外部角度来看，对当前的数字化城市管理设施进行全方位运用，并结合标准化规定，把原本散布在各个单位中的电子政务资源进行融合。站在内部角度来看，将原本散布在各部门的公共数字资源整合在一起，对其进行简化处理，使数字化差异得以减弱，致力于数字化资源的全体整合，对当前正在使用的信息管理服务系统进行全面整合，并将其划分成为几个模块，如火灾防控模块、灭火救灾模块、队伍管理模块等，实现智慧城市公共管理以及公共服务两大平台与智慧消防城市管理以及服务相互联动的模式。

（3）创新管理体制。充分结合各省当地数字化的具体情况以及社会发展情况对管理制度进行改革，并全面更新管理制度，使得管理方式与时代接轨。对于原有的不合理的职能以及职责进行合理的优化，将各个部门之间的职能关系进行梳理，从而实现统一的安排与监管，使得协同效应得以充分发挥，确保数据收集工作都能够得到规范，及时发现问题、解决问题、反馈问题、验证问题。必须全面提升应急响应速度，改善工作效率，构建合理高效的城市管理机制，以满足智慧城市建设所提出的要求。

（4）推动技术创新。智慧消防发展趋势的突出特征之一为各方面技术的融合以及发展。目前，信息壁垒慢慢变得不清晰，各种新技术已经发展到了较为成熟的阶段，使得融合发展在更大程度上表现为组织形式以及业务形式的更新，而不再是单纯的技术更新。智慧消防服务的对象为城市主体需求，主要表现为依托数据挖掘以及创新应用的附加服务。随着这个过程的持续发展，整个智慧消防相关产业价值链都将发生全面的改革，并诞生一些全新的产业。此外，各级单位还应适时颁布各种对软件及电子信息制造产业具有激励作用的政策，围绕人才培养以及激励市场等来改善智慧消防相关企业的发展氛围，为智慧消防产业的社会公司健康稳健发展提供有利的条件。

（四）强化应用培训，完善人才培养体系

加大智慧消防构建力度，始终将人才培养放在十分重要的位置。智慧消防建设要求高，专业性强，技术涉及范围广，必须要有一批既懂技术又懂消防业务工作的高级复合型人才作为智慧消防建设的指导者和实施者。因此，必须制定有效的人才培育提升机制，培育造就一支符合智慧消防建设和消防事业发展要求的创新创业型人才队伍，以人才结构优化引领智慧消防建设。

（1）加强人才培训。建立智慧消防人才培养机制，采取集中培训、岗位轮训、考察学习等形式，在总、支队建立智慧消防，构建人才队伍，培育一批技术精湛、业务过硬的专业团队。针对智慧消防人才开展定期培训活动，更新思想理念，特别要做好领导干部的培训工作，全方位推动人才满足智能消防建设的需求。除此之外，还需要针对当前在岗的技术人员实施专业技能培训，提升其专业水平。

（2）拓宽人才渠道。紧紧抓住消防工作改革契机，协调增加各级指挥消防工作机构和编制，优化专业人员配置，提高技术部门的中、高级技术岗位职数。落实支队级以上单位应急通信保障分队编制，并通过聘用文职雇员、合同制消防员等多种形式进行人才的补充。在项目建设过程中，依托当地的大学、大型企业等社会资源，可以聘请物联网产业、城市建设管理、信息化推进等领域专家，组成智慧消防建设专家咨询委员会，参与研究制订规划方案，提出智慧消防建设的意见和建议，为智慧消防建设中的重大问题决策提供技术理论支撑和指导。

（3）进行全面推广。当前，基层官兵对于智慧消防系统建设缺乏充分的认识。针对这一现状，需要在各项平台或者系统开发成熟后，总队应从各基层中队抽取一定数量的人员进行集中培训，使之能够熟练掌握智慧消防各种设备的使用方法，再由这些受训人员对其所在中队的其他人员进行培训。通过此种方式以达到"人人都会用、人人用得好"的目标，真正实现智慧消防建设的层层推广推进。

（五）强化数据意识，全面数据共享

加强数据资源共享与整合工作，强化数据意识，大力推动数据资源的整合和共享，这是智慧消防建设的关键，也是实现大数据平台建设的前提。在实现政府信息以及资源的整合之后，全面促进开放数据的落实。

（1）加速信息资源整合。整个信息资源的整理和集合，涵盖了信息搜集、信息筛选、信息加工以及信息服务等过程。所谓信息资源的整合，具体所指的是将散布在各处的资源汇集在一起，为信息的质量提前过一把筛子，提高资源的有序性和规则性，让用户查找起来更加方便，提高资源的整体合理性和科学性，提高信息使用者的信息使用效率。

（2）实现数据互联共享。推进智慧消防建设本质是实现所能掌握的数据等信息资源之间的融合、信息共享，达到业务协同，通过加强加深对数据信息资源的挖掘、开放、利用，使数据价值最大化。只有存在于一个开放程度较高的生态系统中，才能够通过跨界来寻找出一些与外部要素存在的共性。因此，只有开放数据才能融合资源。当前，建设智慧消防的首要任务是推进现有数据资源的深度整合与应用，以数据实时交互联通、信息资源充分挖掘共享为目标，突破部门界限和体制障碍，加强与政府相关部门相互之间的数据交换共享，逐步有序推动数据的社会化开发利用，激发和提升数据创新的活力、能力，充分释放数据红利。

（3）实现信息服务向数据服务转变。一直以来，信息服务部门所采用的服务模式主要包含两种，分别为等待服务模式以及被动服务模式，它们的问题主要在于，业务相关部门对资源不具备充分的了解，无法熟练掌握系统使用技巧，从而无法获取高效的服务。基于网络的资源整合系统为信息主动提供带来了很大的便捷性。主动服务这种服务是基于个性化实现的，它能确保业务部门在短时间内快速获取自己需要的数据与信息。当资源实现整合之后，信息资源管理机构便可以获得标准的用户交互接口，确保资源获得更具效率。更值得一提的是，经过整合的资源之间存在更良好的逻辑性以及关联性，很多藏匿在信息当中的内容不断被挖掘或凸显。经过整合的信息资源服务是以数据为基础的，能够完完全全地实现信息服务与数据服务之间的相互切换。

（4）强化数据安全管理。信息安全是国家大事、民生大事，尤其在极度依赖信息技术的智慧消防建设方面。进行数据开放共享，也要看到信息安全的隐患所在，安全问题比任何时候都要重要和突出。加大网络安全基本设施维护制度、关键网站以及信息系统安全保证制度的改善与优化，严格做好网络安全管理工作，对信息资源做好全面防护。对网络安全保障设施进行优化，尤其是机密资源以及关键信息的安全保障工作必须落实到位。构建信息安全系统，培养专业的信息安全团队，对信息安全进行全面监管，各领域实现多样化运用。

（六）健全服务保障机制，完善运营维护工作

1. 完善保障机制

（1）组织保障。各级消防部门要将智慧消防工作摆在重要位置，明确目标任务，完善组织机构，加强统筹协调，有序组织实施。将智慧消防工作领导团队的管理协调作用充分发挥出来，统一组织计划制订并实施项目，做好监察管理，全面促进智慧消防工作的达成。各支队成立大数据建设工作专班，研究细化业务需求，大胆创新，基于具体业务工作提出建设内容，明确责任到人，明确建设期限，分期按进度抓好落实。总队责任处室主要抓好平台建设和技术指导工作，总队相关业务处室是应用系统建设的责任处室，对确定开发的应用系统要做好跟踪指导工作，建设进度由相关处室收集掌握，统一汇总上报智慧消防建设办公室。

（2）机制保障。各市支队级单位要因地制宜地建立决策科学、运行有效、职责明确的领导机制和工作机制，扎实推进智慧消防规划落实。针对智慧消防建设工作建立相应的目标责任制度以及奖罚制度，以年度为单位拟订具体的实施方案，强化跟踪问效，定期督导检查，落实奖惩措施，提升智慧消防工作效能。加强立项、论证、预算、建设、应用、验收的全过程廉政监督管理，保障智慧消防建设持续健康发展。构建全方位绩效测评系统，针对信息化建设进程中发现的一些问题实施全面、客观、公正的评价与分析，使信息化建设工作能够得到更加有效的开展。

（3）法制保障。根据智慧消防业务的不断发展，全面梳理适应社会消防安全治理创新的法律法规新需求，推动业务部门建立体系完整、机制健全的法律法规保障体系，为创新社会消防安全治理和推进智慧消防建设深度应用提供政策保障和法律支撑。

（4）技术保障。通信部门做好综合协调和技术服务支撑的同时，积极引进社会先进资源和技术服务，大力开展智慧消防前沿性技术及应用基础研究。加强技术交流，建立消防智库，高起点谋划、推进智慧消防工作，在技术总体支持、系统平台架构设计等方面提供技术保障。

2. 推动运维服务专业化

在信息化建设工作的推进下，一些省份开发了大量消防业务软件，并

推出了相应的管理系统，网络设施以及服务器的数量也在逐年增加，资源散布在各个不同的系统当中，从而产生了大量的维护工作。当然，对于应用系统以及网络的运行维护也提出了更高的要求，不得不配置更多的人力物力资源。但实际的运维效果并不理想，单纯依靠运维人员的手工作业，使得系统风险中的人为因素明显，严重的情况下还可能由于人为原因影响系统的正常运行。

通过对智能化网络运行维护平台的部署来管理，有效达成对信息中心大量资源的一体化监督管理。运行维护工作人员依据自己的权限对资源实施管理。在使用智能化监控进行分析后发现，系统会在较短的时间内识别故障产生的原因，并发出声光预警，警报信息也将会被传送至专门的运维负责人员手机中，确保故障及时得到解决。对智能化网络运行维护平台进行全面部署与管理，使运行维护的范围更加广泛，消除运行维护过程中存在的断点，对故障进行准确定位，及时解决，构建一个高效的运行维护流程，使运行维护人员的救火员形象得到有效改观，真正升级成为管理人员，为运营维护节省成本，赋予网络管理机制更低的成本属性，并改善管理效率，使网络安全得以保障。

3. 推动运维服务社会化

由于通信人员配置受编制、体制限制，人才队伍严重受限，运维、保障和解决现实问题的能力有待提高，引入社会专业运维服务，整合 IT 系统和设备的供应商、集成商和服务提供商，依托先进的技术手段、成熟的管理工具去支持运维管理工作，可以解放信息通信部门人员的工作压力，同时也能更好地完成设备的运营维护工作。

五、智慧消防在防火监督业务中的应用路径

（一）智能防火监督信息数据库初步建立

建筑的消防安全设施较为完善，拥有灭火器、消火栓、自喷、防排烟等多种安全防护系统，监督的类型和工作范围极为广泛。日常的检查执法过程中会出现消防安全设施漏检的情况，而智能防火监督信息数据库的建立更利于充分掌握消防安全的形式，信息覆盖越全面，安全形势评估的准确性就越高，这就有利于针对性地进行消防安全执法。消防安全的状况时刻在变化，因此，消防部门要不间断、持续性地获取防火监督信息内容。

智慧消防体系是将安全消防系统的重要部位连接到物联网上，进而对各单位的消防安全进行实时监控，也可以自动对信息数据进行采集与监控，建立更为完善的信息数据库，也利于消防的监督管理和检查，提高消防监督管理的工作质量和效率。

（二）防火监督检查系统全面运行

传统的防火监督检查系统主要以执法人员实际调查走访为主，进而了解各个单位的安全信息和防火情况，虽然可以利用信息技术对信息内容进行辅助检查和监管，但信息内容较为庞大，其数据质量精准度也得不到保障，火灾隐患依然存在，且防火监督检查系统运行的效率也得不到提升。

现今，智慧消防系统逐步完善并投入消防中进行试用，获得了良好的效果。云技术平台能够对信息内容进行精准、高效、科学的处理，还可以精准评估消防安全水平，以此为依据进行消防监督执法，其工作的准确性和效率也更高，更有利于从本质上提高各个行业的消防安全水平。

（三）社会消防安全责任登记平台不断完善

社会单位的团体消防安全责任登记平台中针对消防责任内容有明确的规定，但实际落实的情况却一直不理想，缺少专业消防管理人员，缺乏完善的管理制度、责任制度和管理条例等，无法保障社会消防安全。智慧消防能够针对社会单位进行更为完善、全面、立体的信息汇总，并在网络上登记。各个相关部门能够一体化联系和工作，明确安全管理责任人、消防巡查员等责任，确保职责落实到每个职位和人员中，能够实现安全监督责任管理常态化。

六、智慧消防在防火监督业务中的发展前景

（一）基于物联网技术的新型传感器的开发

物联网技术是智慧消防系统建立的基础技术，物联网技术中能够将各个行业的信息进行互通，也能够将大量的信息内容进行整合、分析与处理。物联网的技术体系中，感知层是物联网结构构成的基础，传感技术是物联网技术发展和应用的基础和技术保障，只有传感技术达到了一定的要求，才能够充分发挥物联网技术的智慧消防优势。现有消防安全体系架构中的感知器并不能满足智慧消防系统对传感器的要求，信息的互通也受到限制，想充分发挥物联网技术的优势和价值，就要注重新型传感器的开发，进而保障传感器符合智慧消防系统运用中对传感器的技术要求。

(二) 智慧消防与双随机、一公开监督检查模式的结合

智慧消防监管制度需要创新和改革，智慧消防的应用要充分与双随机、一公开的监督检查模式相结合，进而适应我国现今社会主义市场经济的发展和转型。双随机主要是随机抽取各个单位的消防制度和系统的完善程度，另外是针对消防部门的工作情况进行随机抽查，检查其工作的质量和效率。双随机更利于发现各个行业中存在的消防安全问题，能够更有针对性地对火灾隐患进行处理和预防。

(三) 智慧消防在新兴产业领域的建设

我国经济形势不断发展和创新，这种环境下产生了许多新兴产业，新兴产业与传统产业存在极大的区别，国家没有相对完善的管制体系，导致消防管理缺乏一定的依据，管理效果受到极大的影响，而智慧消防的应用可以有效解决这个问题。另外，不同的行业具有其特殊性及复杂性，在检查的过程中需要更加细致。智慧消防可以针对不同新兴行业的特点制定智慧化系统，对火灾安全进行监督与管理，更适合社会的进步与发展。未来还会有很多新科技、新兴产业与行业，只有针对其行业的特殊性才能够将智慧消防体系的优势发挥出来。

(四) 着力推动智慧消防标准化、规范化进程

现今我国智慧消防已经逐步运用到各个行业中，但为了充分发挥智慧消防的优势，需要着力推动智慧消防的标准化和规范化发展。不同地区的经济情况和实际情况都不相同，智慧消防的建设水平也存在较大的差距，对

此，从智慧消防发展的前景分析，统一管理的模式更有利于体现智慧消防的优势和价值。

现今社会的经济水平不断提升，各个行业的消防安全管理也受到人们的广泛重视，智慧消防的建立与完善有利于推动消防工作质量的提升，也有利于为人们建设更为安全的社会环境，为我国社会的进步和发展奠定良好基础。

结束语

　　救援的根本目标是令救助效果最大化、事故损失破坏最小化和残值保留完整最大化。了解火灾事故应急救援的重点，才能够准确地减小火灾损失，继而控制事故后所带来的损失。因此，在火灾事故的应急处理过程中，如何针对不同的环境科学制定出救援的对策，优化救援投入和火灾事故损失，是一个关键的环节。在不同环境下进行火灾防控也是要重点关注的环节。在事故发生前遏制住源头，防患于未然。

参考文献

一、著作类

[1] 卢国建 . 高层建筑及大型地下空间火灾防控技术 [M]. 北京：国防工业出版社，2014.

[2] 苗金明 . 事故应急救援与处置 [M]. 北京：清华大学出版社，2012.

[3] 商靠定 . 灭火救援技术与战术 [M]. 北京：中国人民公安大学出版社，2014.

[4] 王起全 . 事故应急与救援导论 [M]. 上海：上海交通大学出版社，2015.

二、期刊类

[1] 曾磊，王少飞，林志，等 . 公路隧道火灾事故调查分析 [J]. 现代隧道技术，2012，49（3）：41-48.

[2] 程超，黄晓家，谢水波，等 . 智慧城市与智慧消防的发展与未来 [J]. 消防科学与技术，2018，37（06）：841-844.

[3] 柴建设 . 事故应急救援预案 [J]. 辽宁工程技术大学学报，2003（04）：559-560.

[4] 赐利龙步 . 信息化时代下防火监督工作的优化路径 [J]. 中国新通信，2021，23（18）：13-14.

[5] 丁靓 . "智慧消防"在防火监督中的应用探究 [J]. 今日消防，2021，6（11）：53-55.

[6] 范恩强 . 地铁火灾预防及灭火救援对策分析 [J]. 今日消防，2020，5（9）：60.

[7] 傅永财 . 探索大数据思维下的智慧消防 [J]. 消防科学与技术，2016，35（12）：1758-1762.

[8] 高凌霜.高层建筑消防隐患与防火监督工作思考 [J].消防界 (电子版)，2021，7(20)：115-116.

[9] 贺跃.浅谈室内装饰的消防安全隐患与防火监督管理 [J].山西建筑，2007(14)：174，191.

[10] 黄恺.物联网技术在智慧消防中的应用 [J].中国科技信息，2021(09)：113-114.

[11] 黄益良，倪照鹏，路世昌，等.泡沫—水喷雾联用系统扑灭城市交通隧道火灾试验 [J].消防科学与技术，2018，37(8)：1104-1108.

[12] 季旭林.室内装饰的消防安全隐患与防火监督管理分析 [J].消防界 (电子版)，2021，7(17)：120，122.

[13] 蒋雅君，杨其新.对地铁火灾防治的新认识 [J].城市轨道交通研究，2006，9(6)：18-21.

[14] 李俊梅，付成云，李炎锋，等.城市交通隧道内火灾环境发展规律的数值模拟研究 [J].防灾减灾工程学报，2010，30(5)：509-516.

[15] 李良华.高层建筑消防隐患与防火监督工作分析 [J].今日消防，2021，6(11)：127-129.

[16] 李炎锋，付成云，李俊梅，等.城市交通隧道坡度对火灾烟气扩散影响研究 [J].中国安全生产科学技术，2011，7(5)：10-15.

[17] 李炎锋，李俊梅，刘闪闪.城市交通隧道火灾工况特性及烟控技术分析 [J].建筑科学，2012，28(11)：75.

[18] 李远明.地铁隧道火灾疏散救援问题的研究工程中的应用 [J].城市建设理论研究 (电子版)，2012(16).

[19] 刘世松，马鸿雁，焦宇阳.高层建筑火灾情况下人员疏散研究 [J].消防科学与技术，2019，38(06)：794-798.

[20] 吕亮.提升消防救援队伍灭火救援战斗力的探讨 [J].中国科技纵横，2021(1)：104.

[21] 买海潮.消防部队灭火救援执勤战斗编成探讨 [J].科学与财富，2016(12)：703.

[22] 苗迦熙.地铁火灾分析及应对措施 [J].消防科学与技术，2017，36(8)：1155-1157.

[23] 浦天龙，鲁广斌.现代城市智慧消防建设探讨 [J]. 人民论坛·学术前沿，2019(05)：50-55.

[24] 王福伟.一起橡胶厂胶粉车间火灾事故的调查 [J]. 消防科学与技术，2020，39(2)：284-287.

[25] 王龙.提升消防部队灭火救援战斗力的探讨 [J]. 中国科技纵横，2017(23)：167.

[26] 辛晶，周扬，夏登友，等.城市商业综合体建筑火灾事故情景推演模型 [J]. 灾害学，2020，35(3)：63-66，89.

[27] 徐雷.室内装饰消防安全隐患与防火监督管理初探 [J]. 中小企业管理与科技（下旬刊），2021(07)：32-33.

[28] 杨林.浅析地铁火灾安全疏散 [J]. 消防科学与技术，2013（10）：1115-1118.

[29] 于晓鹏，张耀华，崔娜.大型商场中装饰材料的防火监督对策 [J]. 消防界（电子版），2021，7(02)：52-53.

[30] 张连民.高层建筑外墙火灾扑救设施的选用 [J]. 消防技术与产品信息，2011(09)：16-18.

[31] 张雯.安全事故应急救援体系的分析 [J]. 山东工业技术，2019(05)：241.

[32] 赵玮.探讨信息化时代下防火监督工作的优化建议 [J]. 今日消防，2021，6(12)：121-123.

[33] 赵禹忱，金静，邓兆鋆，等.危化品火灾危险性及事故调查技术研究进展 [J]. 消防科学与技术，2020，39(1)：132-135.

[34] 郑春生.轨道列车火灾事故及救援对策 [J]. 消防科学与技术，2012，31(3)：285-288.

[35] 朱军荣.城市交通隧道火灾报警系统的报警模式分析 [J]. 中国市政工程，2018(1)：49.